NOUVEAU MANUEL
D'ARITHMÉTIQUE.

METZ — IMP. DE P. WITTERSHEIM.

NOUVEAU MANUEL
D'ARITHMÉTIQUE

contenant

DES TABLES DES POIDS ET MESURES, UNE THÉORIE BIEN DÉVELOPPÉE DU SYSTÈME DE NUMÉRATION EN USAGE, LES MÉTHODES DE CALCULS TANT ANCIENNES QUE MODERNES ; LA THÉORIE DES FRACTIONS, DES APPLICATIONS DU CALCUL DÉCIMAL AUX NOUVEAUX POIDS ET MESURES ;

SUIVI

DE LA CONCORDANCE DES CALENDRIERS RÉPUBLICAIN ET GRÉGORIEN, MODÈLES DE LETTRES DE COMMERCE, TRAITES, MANDATS, BILLETS, ETC.

RÉDIGÉ D'APRÈS BEZOUT,
Par L. FONTANELLE.

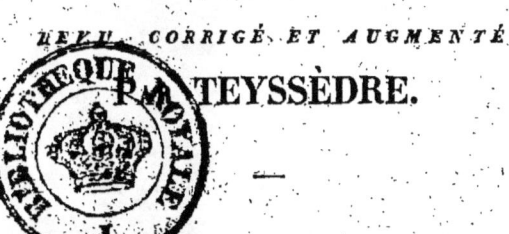

REVU CORRIGÉ ET AUGMENTÉ

P. TEYSSÈDRE.

PARIS,
Chez BAQUENOIS, Libraire,
QUAI DES AUGUSTINS.

1836.

AVIS DE L'ÉDITEUR.

Entre autres qualités, Bezout avait celle d'exposer les principes des mathématiques avec clarté, et de les faire concevoir promptement et sans fatigue par des raisonnemens aussi simples qu'ingénieux. Aussi ses ouvrages, traduits dans toutes les langues de l'Europe, ont-ils obtenu des succès prodigieux.

Toutefois, on l'accuse d'être quelquefois superficiel et de se contenter de démonstrations qui ne sont pas assez rigoureuses; mais on oublie que cet habile professeur avait toujours en vue les difficultés qui peuvent rebuter les commençans, et il se croyait, s'il est permis de parler ainsi, le droit de les leur déguiser.

L'Arithmétique, que nous offrons au

INTRODUCTION.

public, est presqu'entièrement son ouvrage. Nous avons seulement refait le système de numération, ajouté quelques démonstrations qui pouvaient corroborer les siennes : nous nous sommes en outre permis de resserrer quelques dissertations.

SIGNES ABRÉVIATIFS

Dont les mathématiciens font usage.

$+$ signifie *plus*.

$-$ signifie *moins*.

$\times$ signifie *multiplié par*.

$-$ placé entre deux nombres écrits l'un au-dessus de l'autre signifie *divisé par*.

$=$ signifie *égale* ou *est égal à*.

Exemple :

$$2 + 7 - 3 \times 4 = 24.$$

Lisez : 2 plus 7 moins 3 mutiplié par 4 égale 24.

$$\frac{3 \times 2}{5}$$

Lisez 3 multiplié par 2 divisé par 5.

ANCIENNES MESURES.

MESURES DE LONGUEURS.

Noms systématiques.

                    Par abréviation ces mots sont désignés par

La toise valant 6 pieds.   T.
Le pied . . . 12 pouces.   pi.
Le pouce . . . 12 lignes.   po.
La ligne . . . 12 points.   l.

POIDS.

Noms.

℔ Livre valant 2 marcs.
Le marc . . . 8 onces.
L'once . . . . 8 gros.
Le gros . . . 3 deniers.
Le denier . . . 24 grains.

MONNAIES.

₶   La livre valant 20 sous.
ſ   Le sou . . . 12 deniers.
d   Denier.

NOUVELLES MESURES.

NOMS systématiques.	VALEUR.
MESURES ITINÉRAIRES.	
Myriamètre................	10000 mètres.
Kilomètre................	1000 mètres.
Décamètre................	10 mètres.
Mètre....................	Unité fondamentale des poids et mesures. Dix-millionième partie du quart du méridien terrestre.
MESURES DE LONGUEUR.	
Décimètre................	10e de mètre.
Centimètre...............	100e de mètre.
Millimètre...............	1000e de mètre.
MESURES AGRAIRES.	
Hectare..................	10000 mètres carrés.
Are......................	100 mètres carrés.
Centiare.................	1 mètre carré.
MESURES DE CAPACITÉ *pour les liquides.*	
Décalitre................	10 décimètres cubes.
Litre....................	Décimètre cube.
Décilitre................	10e de décimètre cube.
MESURES DE CAPACITÉ *pour les matières sèches.*	
Kilolitre................	1 mètre cube ou 1000 décimètres cubes.

NOMS systématiques.	VALEUR.
Hectolitre................	100 décimètres cubes.
Décalitre.................	10 décimètres cubes.
Litre.....................	Décimètre cube.

MESURES DE SOLIDITÉ.

Stère.....................	Mètre cube.
Décistère.................	10e du mètre cube.

POIDS.

Millier...................	1000 kilog. (poids du tonneau de mer).
Quintal...................	100 kilogrammes.
Kilogramme................	Poids d'un décimètre cube d'eau à la température de 4° au-dessus de la glace fondante.
Hectogramme...............	10e du kilogramme.
Décagramme................	100e du kilogramme.
Gramme....................	1000e du kilogramme.
Décigramme................	10000e du kilogram.

RÉDUCTION

Des toises, pieds, pouces en mètres et décimales du mètre.

Toises	Mètres.	Pieds.	Mètres.	Pou.	Mètres.
1	1,94904	1	0,32484	1	0,02707
2	3,89807	2	0,64968	2	0,05414
3	5,84710	3	0,97452	3	0,08121
4	7,79615	4	1,29936	4	0,10828
5	9,74518	5	1,62420	5	0,13535
6	11,69422	6	1,94904	6	0,16242
7	13,64326	7	2,27388	7	0,18949
8	15,59229	8	2,59872	8	0,21656
9	17,54133	9	2,92355	9	0,24363
10	19,49037	10	3,24839	10	0,27070

RÉDUCTION
des lignes en millimètres

Lignes.	Millimètres.
1	2,256
2	4,512
3	6,767
4	9,023
5	11,279
6	13,535
7	15,791
8	18,047
9	20,302
10	22,558

RÉDUCTION
des millimètres en lignes.

Millim.	Lignes.
1	0,443
2	0,887
3	1,330
4	1,773
5	2,216
6	2,660
7	3,103
8	3,546
9	3,990
10	4,433

RÉDUCTION

Des centimètres et des décimètres en pieds, pouces et lignes.

Cent	Pieds	po.	lignes.	Déci	Pieds	po.	lignes.
1	0.	0.	4,433	1	0.	3.	8,330
2	0.	0.	8,866	2	0.	7.	4,659
3	0.	1.	1,299	3	0.	11.	0,989
4	0.	1.	5,732	4	1.	2.	9,318
5	0.	1.	10,165	5	1.	6.	5,648
6	0.	2.	2,598	6	1.	10.	1,977
7	0.	2.	7,031	7	2.	1.	10,307
8	0.	2.	11,464	8	2.	5.	6,637
9	0.	3.	3,897	9	2.	9.	2,966
10	0.	3.	8,330	10	3.	0.	11,296

RÉDUCTION

Des mètres en toises, et en toises, pieds, pouces et lignes.

Mèt.	Toises.	Mèt.	Toises.	pi	po.	lig.
1	0,513074	1	0.	3.	0.	11,296
2	1,026148	2	1.	0.	1.	10,592
3	1,539222	3	1.	3.	2.	9,888
4	2,052296	4	2.	0.	3.	9,184
5	2,565370	5	2.	3.	4.	8,480
6	3,078444	6	3.	0.	5.	7,776
7	3,591518	7	3.	3.	6.	7,072
8	4,104592	8	4.	0.	7.	6,368
9	4,617666	9	4.	3.	8.	5,664
10	5,13074	10	5.	0.	9.	4,960

Dans la construction des Tables de réduction qui précèdent, on a employé les valeurs suivantes:

Mètre....... 0,512 074 de toise.
Toise .... 1,949 036 5912 de mètre.

MESURES AGRAIRES.

La perche des eaux-et-forêts avait 22 pieds de côté; elle contenait 484 pieds carrés.

L'arpent des eaux-et-forêts était composé de 100 perches de 22 pieds; il contenait 48400 pieds carrés.

La perche de Paris avait 18 pieds de côté; elle contenait 324 pieds carrés.

L'arpent de Paris était composé de 100 perches de 18 pieds; il contenait 32400 pieds carrés ou 900 toises carrées. Cet arpent est donc équivalent à un carré de 30 toises de côté.

L'unité nouvelle que l'on nomme *are* et que l'on pourrait considérer comme la perche métrique, est un carré de 10 mètres de côté, qui comprend 100 mètres carrés.

L'*hectare*, où l'arpent métrique, se compose de 100 ares ou de 10 mètres carrés.

	Pieds carrés.	Toises carrées.	Mètres carrés.
Perche des eaux-et-forêts.	484	13,44	51,07
Arpent des eaux-et-forêts.	48400	1344,44	5107,20
Perche de Paris........	324	9	34,19
Arpent de Paris.......	32400	900	3418,87
Are.................	947,7	26,32	100
Hectare	94768,2	2632,45	10000

RÉDUCTION

Des arpens en hectares et des hectares, en arpens.

Arpens de 100 perches carrées, la perche de 18 pieds linéaires.		Arpens de 100 perches carrées, la perche de 22 pieds linéaires	
Arpens.	Hectares.	Arpens.	Hectares.
1	0,3419	1	0,5107
2	0,6838	2	1,0214
3	1,0257	3	1,5322
4	1,3675	4	2,0429
5	1,7094	5	2,5536
6	2,0513	6	3,0643
7	2,3932	7	3,5750
8	2,7351	8	4,0858
9	3,0770	9	4,5965
10	3,4189	10	5,1072
100	34,1887	100	51,0720
1000	341,8869	1000	510,7199

Réduction des hectares en arp. de 18 pieds la perche.		Réduction des hectares en arp. de 22 pi. la perche.	
Hectares.	Arpens.	Hectares.	Arpens.
1	2,9249	1	1,9580
2	5,8499	2	3,9160
3	8,7748	3	5,8741
4	11,6998	4	7,8321
5	14,6247	5	9,7901
6	17,5497	6	11,7481
7	20,4746	7	13,7061
8	23,3995	8	15,6642
9	26,3245	9	17,6222
10	29,2494	10	19,5802
100	292,4944	100	195,8020
1000	2924,9437	1000	1958,0201

(12)

CONVERSION
Des anciens poids en nouveaux.

Grains.	Grammes.	Livres.	Kilog.
10	0,53	1	0,4895
20	1,06	2	0,9790
30	1,59	3	1,4685
40	2,12	4	1,9580
50	2,66	5	2,4475
60	3,19	6	2,9370
70	3,72	7	3,4265
Gros.		8	3,9160
1	3,82	9	4,4056
2	7,65	10	4,8951
3	11,47	20	9,7901
4	15,30	30	14,6852
5	19,12	40	19,5802
6	22,94	50	24,4753
7	26,77	60	29,3704
8	30,59	70	34,2654
Onces.		80	39,1605
1	30,59	90	44,0555
2	61,19	100	48,9506
3	91,78	200	97,9012
4	122,38	300	146,8518
5	152,97	400	195,8023
6	183,56	500	244,7529
7	214,16	600	293,7035
8	244,75	700	342,6541
9	275,35	800	391,6047
10	305,94	900	440,5553
11	336,53	1000	489,5058
12	367,14		
13	397,73		
14	428,33		
15	458,91		
16	489,51		

CONVERSION
Des nouveaux poids en anciens.

Gramm.	Liv.	Onc.	Gr.	Gr.	Kilog.	Liv.	Onc.	Gr.	Grains.
1	0.	0.	0.	19	1	2.	0.	5.	35,15
2	0.	0.	0.	38	2	4.	1.	2.	70
3	0.	0.	0.	56	3	6.	2.	0.	33
4	0.	0.	1.	3	4	8.	2.	5.	69
5	0.	0.	1.	22	5	10.	3.	3.	32
6	0.	0.	1.	41	6	12.	4.	0.	67
7	0.	0.	1.	60	7	14.	4.	6.	30
8	0.	0.	2.	7	8	16.	5.	3.	65
9	0.	0.	2.	25	9	18.	6.	1.	28
10	0.	0.	2.	44	10	20.	6.	6.	64
20	0.	0.	5.	17	20	40.	13.	5.	55
30	0.	0.	7.	61	30	61.	4.	4.	47
40	0.	1.	2.	33	40	81.	11.	3.	38
50	0.	1.	5.	5	50	102.	2.	2.	30
60	0.	1.	7.	50	60	122.	9.	1.	21
70	0.	2.	2.	22	70	143.	0.	0.	13
80	0.	2.	4.	66	80	163.	6.	7.	4
90	0.	2.	7.	38	90	183.	13.	5.	68
100	0.	3.	2.	11	100	204.	4.	4.	59
200	0.	6.	4.	21					
300	0.	9.	6.	32					
400	0.	13.	0.	43					
500	1.	0.	2.	53					
600	1.	3.	4.	64					
700	1.	6.	7.	3					
800	1.	10.	1.	13					
900	1.	13.	3.	24					
1000	2.	0.	5.	35					

Multipliez le prix du kilogramme par 0,4895, vous aurez celui de la livre.

Multipliez le prix de la livre par 2,0429, vous aurez celui du kilogramme.

Le kilogramme ou le poids d'un décimètre cube d'eau distillée, considérée au maximum de densité et dans le vide, vaut 18827,15 k.

La livre vaut........................ 9216 grains.
Donc, livre........................... 0,489505847 g.
Et kilogramme....................... 2,042876519 liv.

RÉDUCTION

Des hectolitres en setiers, et des setiers en hectolitres, le setier étant de 12 boisseaux anciens et le boisseau de 13 litres.

Hectolitres.	Setiers.	Setiers.	Hectolitres.
1	0,641	1	1,56o
2	1,282	2	3,12
3	1,923	3	4,68
4	2,564	4	6,24
5	3,2o5	5	7,8o
6	3,846	6	9,36
7	4,487	7	10,92
8	5,128	8	12,48
9	5,769	9	14,04
10	6,410	10	15,6o
20	12,820	20	31,20
3o	19,231	3o	46,8o
4o	25,641	4o	62,4o
5o	32,o51	5o	78,oo
6o	38,461	6o	93,6o
7o	44,871	7o	109,20
8o	51,282	8o	124,8o
9o	57,692	9o	140,4o
100	64,102	100	156,oo

Le poids moyen de l'hectolitre de froment est de 75 kilogrammes.

MANUEL D'ARITHMÉTIQUE.

1. L'ARITHMÉTIQUE (du grec *arithinos*, nombre) est l'art de compter ou d'opérer sur les nombres.

2. Les nombres se composent d'UNITÉS.

3. Par UNITÉ on doit entendre tout ce qui sert de terme de comparaison. L'unité absolue se désigne en français par l'expression *un*, lorsqu'elle est destinée à précéder une chose du genre masculin comme *un* homme, *un* cheval; si l'unité doit précéder un nom de chose du genre féminin elle s'exprime par le mot *une*, on dit par exemple: *une* femme, *une* plume.

4. On distingue les nombres en *abstraits* et en *concrets*.

Les nombres abstraits sont ceux qui ne sont suivis d'aucun nombre de chose, comme *un*, *deux*, *trois*,..... *quinze*, *vingt*.

Les nombres *abstraits* sont à proprement parler des adjectifs considérés indépendamment des noms qui peuvent les accompagner, comme lors qu'on dit *beau*, *bon*, *grand*.... sans indiquer ce qui est beau, bon ou grand.

Les nombres *concrets* sont au contraire toujours suivis d'un nom de choses, par exemple:

lorsqu'on dit *deux* hommes, *dix* chevaux, *vingt francs*... on exprime des nombres concrets.

5. Les nombres sont encore *simples* ou *composés* ou *complexes*.

Les nombres *simples* sont ceux dont les unités sont toutes égales entre elles, comme *douze francs, cinq mètres*.

Les nombres sont *composés* lorsque leur expression annonce des unités d'inégale grandeur, par exemple : *trois heures et demie, cinq francs vingt cinq centimes*, sont des expressions qui désignent des nombres composés, car les *heures* et les *demies*, les *francs* et les *centimes* sont des unités qui ne sont point égales entre elles.

NUMÉRATION.

6. Puisque les nombres se composent d'unités, il est facile de concevoir qu'il peut y avoir des nombres différens à l'infini ; en effet quelque soit le nombre qui pourrait être proposé, il est évident qu'il serait toujours possible de lui ajouter une ou plusieurs unités, de telle sorte qu'il ne pourrait plus être annoncé par le même nom qui le désignait auparavant, soit par exemple le nombre ou collection d'unités que l'on appelle *huit* ; si l'on ajoute deux unités à ce nombre, il deviendra plus grand, et ne

pourra plus être désignée par le même nom *huit*.

Puisqu'il peut y avoir des nombres ou des collections différentes d'unités à l'infini, il a fallu trouver un système au moyen duquel on puisse désigner chaque nombre d'une manière précise.

Le moyen le plus simple, celui qui se présente d'abord, c'est de donner un nom particulier à chaque collection d'unités, mais comme le nombre de ces collections est infini, on a eu l'heureuse idée de combiner un petit nombre de mots, de telle sorte qu'on peut distinguer une prodigieuse quantité de nombres sans qu'il soit besoin pour cela de charger la mémoire d'autant de noms différens; tout le monde connaît plus ou moins la pratique de ce système, nous allons néanmoins en développer sommairement le principe.

7. Le plus petit des nombres s'est appelé *un*, ce nombre augmenté de l'unité s'est appelé *deux*, ce dernier augmenté encore de l'unité s'est appelé *trois*, les suivans qui croissent aussi progressivement d'une unité se désignent par les noms *quatre*, *cinq*, *six*, *sept*, *huit*, etc.

Les dix premiers nombres ont reçu chacun un nom simple et particulier, mais le suivant qui est *onze*, a reçu un nom composé qui signifie *un* et *dix* (du latin *unus et decem* et par corruption *un decime*) ; il en est semblablement des noms des nombres suivans jusqu'à *vingt* exclusivement, noms corrompus pour la plupart, mais qui signifient *deux et dix* (douze), *trois et dix* (treize), *quatre et dix* (quatorze) *cinq et dix* (quinze), *six et dix* (seize), dix-sept, dix-huit, dix-neuf, ont conservé leurs racines dans toute leur pureté.

Le nom *vingt* est simple, il indique deux dixaines ; trois, quatre, cinq dixaines se désignent par les noms *trente, quarante, cinquante* ; sept, huit et neuf dixaines devraient aussi s'appeler par analogie *septante, octante, nonante*, mais en français, on dit, par exception, *soixante et dix*, *quatre-vingt*, *quatre-vingt-dix*.

Cent, nom simple et particulier, marque une collection de *dix dixaine*.

La deuxième centaine se compose comme la première, ainsi l'on dit : *cent un, cent deux, cent trois..., cent vingt... cent quatrevingt*, etc. Il en est semblablement des autres centaines jusqu'à neuf cent quatrevingt-dix-neuf.

Dix centaines ont reçu le nom simple et particulier de *mille*.

Puisque dix unités simples ont reçu un nom particulier qui est *dix*, que *dix dixaines* se désignent aussi par le nom simple et particulier qui est *cent*, que *dix* fois *cent* s'appelle *mille*, l'analogie eût voulu qu'on désignât aussi par un nom particulier le nombre qui se compose de *dix* fois *mille*. Il n'en a pas été ainsi, la marche périodique que l'on avait suivie jusque là, s'est arrêtée, et l'on a pour ainsi dire recommencé en considérant *mille* comme une unité simple, de façon qu'à mesure que les unités (les mille) se composaient, on disait *mille, deux mille.... dix mille... soixante mille... cent mille....* et *neuf cent quatrevingt-dix-neuf mille neuf cent quatrevingt-dix-neuf.*

C'est absolument la même marche que l'on avait suivie depuis *un* jusqu'à *neuf-cent-quatrevingt-dix-neuf.* Il a suffi pour l'adapter à cette nouvelle période de faire suivre les noms de nombre *sept... trente... cent...* du mot *mille.*

Mille fois *mille*, ou ce qui est la même chose, *dix* fois *cent mille*, a reçu le nom simple et particulier de *million*; les unités de *million* se comptent comme les unités de mille, l'on dit donc *un million un, un million deux*, etc., jusqu'à *neuf cent millions neuf cent quatrevingt-dix-neuf mille neuf cent-quatrevingt-dix-neuf,* nombre qui, augmenté de l'unité, égale *mille millions* ou *dix* fois *cent millions.*

Mille millions s'appellent *billion* ou *milliard*;

mille billions font un *trillion*, les collections analogues suivantes s'appellent *quatrillion*, *quintillion*, *sextillion*, *septillion*, *octillion*, etc.

Tel est le système de numération dont nous faisons usage ; en y réfléchissant un peu l'on reconnaît que la *dixaine* est la base ou le pivot, s'il est permis de parler ainsi, sur lequel tourne toute cette théorie ; en effet tous les nombres se composent de dixaines, ou de dixaines et de fractions de dixaines, ou sont simplement des fractions de dixaines ; *cinquante*, *cent*, *dix mille* sont des collections complètes de dixaines ; *vingt-trois* contient deux dixaines et trois unités, fraction d'une dixaine ; *sept* est simplement une fraction de dixaine ou les *sept-dixièmes* d'une dixaine.

8. La composition progressive des nombres se divise en deux périodes, bien distinctes : la première que l'on pourrait appeler, *centenaire* contient trois sortes d'unités qui sont les *unités simples*, les *dixaines* et les *centaines*, ainsi l'on dit : unités, dixaines, centaines *d'unités simples* : unités, dixaines, centaines *d'unités de millle*.

Unités, dixaines, centaines *d'unités de million*, etc.

La seconde période pourrait s'appeler *milliaire*, attendu que ses termes se composent toujours d'un certain nombre rond de *mille*.

Le premier terme de cette période est *mille*, le deuxième *mille* fois *mille* ou un *million*, le troisième *mille* fois un *million* ou un *billion* et ainsi de suite.

La manière d'exprimer les nombres de vive voix ou en écrivant leur nom comme un mot ordinaire, s'appelle *numération parlée*, c'est celle dont on vient de donner le développement ; il est une autre manière d'exprimer les nombres par des signes particuliers, on l'appelle *numération écrite*.

NUMÉRATION ÉCRITE.

9. Comme les opérations que l'on peut faire sur les nombres nécessitent une manière de les écrire la plus concise possible, les premiers calculateurs cherchèrent avec ardeur des méthodes particulières pour exprimer les nombres au moyen des signes ; les grecs et les latins faisaient dans ce cas usages des lettres de l'alphabet. Ce système quoique fort ingénieux était embarrassant, aussi les anciens ne semblent-ils pas avoir été de bons arithméticiens.

Un autre système de caractères infiniment plus parfait et dont la gloire est due on ne sait ni à quel homme, ni à quel peuple, ni à quel siècle, a prévalu chez les modernes, ces caractères sont connus sous le nom de *chiffres arabes*, ils sont au nombre de dix ; voici leur figure et leur valeur ;

0   1   2   3   4
zéro ou *rien*, *un*, *deux*, *trois*, *quatre*,
5   6   7   8   9
cinq,   *six*,   *sept*,   *huit*,   *neuf*.

Il n'est pas de nombre qu'on ne puisse exprimer à l'aide de ces dix caractères ; voici comment :

Puisque les nombres se composent comme il vient d'être démontré *d'unités simples*, d'unités de *dixaines*, d'unité de *centaines*, d'unités de mille, etc., et que ces unités de même espèce ne peuvent pas excéder le nombre *neuf*, c'est-à-dire qu'il ne peut pas y avoir dans un nombre quelconque plus de *neuf* unités simples, plus de *neuf* dixaines, plus de *neuf* centaines, etc., attendu que s'il y avait *dix unités* simples elles formeraient une unité d'une autre espèce appelée *dixaine*, que *dix dixaines* formeraient une *centaine*, *dix centaines* une unité de mille, etc.

Or, comme l'on a neuf caractères particuliers pour en figurer les neufs premiers nombres simples, rien n'empêche de se servir de ces mêmes caractères pour désigner des nombres composés d'unités de *dixaines* ou d'unités de *centaines*; par exemple, si pour désigner *deux*, *trois*, *quatre*, etc., unités simples, il suffit d'écrire 2, 3, 4, on peut aussi bien désigner *deux*, *trois*, *quatre* unités de dixaine ou *vingt*, *trente*, *quarante* en écrivant :

2 dixaines, 3 dixaines, 4 dixaines.

Semblablement on pourrait écrire:

6 centaines, 8 centaines... 7 mille, 8 mille, au lieu de six centaines, huit centaines, etc.

Nous en connaissons déjà assez pour écrire un nombre quelconque d'une manière plus abrégée, ainsi le nombre *huit mille trois cent vingt-neuf*, s'écrivait pour abréger :

8 mille — 3 cent — 2 dixaines et 9.

Pour l'écrire entièrement en chiffre, il suffirait d'avoir une manière invariable de faire reconnaître au lecteur l'espèce d'unités que représentent ici les caractères 8, 3, 2 et 9; il s'en présente d'abord une assez facile, ce serait par exemple de convenir que tout chiffe qui désigne des *mille* est surmonté de trois points, celui des *centaines* de deux, celui des *dixaines* d'un seul, et celui des unités simples d'aucun, alors le nombre précédent s'écrirait :

$$\overset{...}{8}\ \overset{..}{3}\ \overset{.}{2}\ 9$$

10. Mais il n'est pas même nécessaire que les chiffres qui représentent des unités d'une

nature quelconque soient eux-mêmes affectés d'une certaine marque, en voici une démonstration facile et convaincante ; que l'on suppose la figure suivante.

Unités de millions.	centaines de mille	Dixaines de mille	Unités de mille	centaines	Dixaines.	Unités

Divisée en cases, la première à droite est destinée aux *unités simples*, la seconde aux *dixaines*, la suivante aux *centaines*.

La suivante aux *unités* de *mille*, celle qui vient après, aux *dixaines* de *mille*, la suivante aux *centaines* de *mille*, enfin viennent les cases qui contiennent les *unités*, les *dixaines*, les *centaines* de *million*, et ainsi de suite pour les *billions*, les *trillions* etc.

Soit maintenant proposé d'écrire en chiffres le nombre *vingt-sept mille deux cent dix-sept*.

Unités de millions.	Unités de dixaines de mille.	Unités de mille.	Unités de centaines.	Unités de dixaines.	Unités simples.
	2	7	2	1	7

Je trouve une figure semblable à la précédente et je dis :

Le nombre proposé contient d'abord *vingt-mille*, plus *sept mille*, plus *deux cents*, plus *dix*, plus *sept* unités simples.

Vingt mille ou deux dixaines de mille c'est la même chose : j'écris donc 2 à la case destinée aux dixaines de mille pour les représenter.

J'écris ensuite 7 à la case des unités de mille pour représenter les deux unités de cette espèce que contient le nombre proposé.

J'écris ensuite 2 à la case des *centaines*, 1 à celle des *dixaines* et 7 à celles des *unités simples* ; cela fait, le nombre proposé se trouve entièrement écrit en chiffres sans qu'il y ait doute sur la valeur que chacun d'eux représente.

Nous avons dit ci-devant (n° 8), que la composition des nombres dépendait de deux périodes, l'une que nous avons désignée par le mot de *centenaire* et l'autre par celui de *milliaire* ; la figure ci-dessus rend l'existence de ces deux périodes tout-à-fait palpable.

Les trois premières cases à droite nous font voir la période *centenaire* des unités simples.

La quatrième case contient la première période *milliaire*, laquelle contient aussi des *unités* des *dixaines* et des *centaines* de *mille*.

Sans pousser plus loin ce développement,

l'on conçoit que tout nombre écrit en chiffres se compose, à partir de la droite, d'une suite de groupes chacun de trois chiffres représentant des *centaines*, des *dixaines* et des unités, chacun de ces groupes prend un nom particulier.

Le 1ᵉʳ à droite s'appelle groupe des unités,
 2ᵉ en allant vers la gauche. . . mille,
 3ᵉ . . . . millions,
 4ᵉ . . . . billions,
 5ᵉ . . . . trillions,
et ainsi de suite.

Et en renversant l'ordre on a
groupe des   . . . .
 —   trillons,
 —   billions,
 —   millions,
 —   mille,
 —   unités simples.

et en récitant toutes les parties de la période on dira :

Centaines, dixaines, unités de . . . .
         . . . .
          trillion,
          billion,
          million,
          mille,
         d'unités simples.

Il est indispensable d'apprendre à réciter

ainsi et suivant cet ordre, la période suivant laquelle les diverses unités qui composent les nombres se distribuent.

Ce qui précède étant bien entendu toutes les fois que l'on trouvera un nombre écrit en chiffre n'importe la grandeur de l'expression, on le partagera, à partir de la droite, en tranches de trois chiffres; chacune de ces tranches, à partir toujours de la droite, représentera une période *centenaire*, composée de *centaines*, de *dixaines* et d'*unités* dont il sera facile de reconnaître la valeur en se rappelant que la première à droite est celle des *unités simples*, la suivante celle des *mille*, etc.

Donc, pour écrire en chiffre un nombre proposé, il suffit de représenter les diverses collections d'unités qui le composent par les chiffres qui peuvent représenter le nombre de ces unités, en classant ces dernières suivant l'ordre de leur grandeur: conséquemment pour écrire le nombre *Vingt-sept mille deux cent dix-sept*, il suffit de faire attention que le groupe ou période *centenaire* des mille est imparfaite, attendu qu'elle ne contient pas de *centaines* de mille, et qu'elle commence aux dixaines seulement qui sont représentées par *vingt*, écrivez donc :

2 pour les *dixaines de mille*, 7 pour les

unités de la même espèce : 2 pour les *cen-taines*, 1 pour les *dixaines*, 7 pour les *unités simples*.

Il en résultera, 27,217.

Tout nombre semblable peut s'écrire avec la même facilité; soit par exemple proposé d'écrire en chiffre : Vingt-cinq *trillions* cent vingt-neuf *billions*, deux cent trente *millions*, quatre cent vingt-quatre *mille* huit cent vingt-neuf *unités simples*.

Je mets :

25 pour les dixaines et les unités de *trillion*,
129 — — cent., dix., unités — *billion*,
230. . . . . *million*,
424. . . . . *mille*,
829. . . . . *unités simples*,
mettant ces groupes les uns à la suite des autres, suivant leur ordre de grandeur, on a
25, 129, 230, 424, 829.

DE L'USAGE DU 0 (ZÉRO.)

10. Il peut se faire, et cela arrive souvent que tous les termes de la période dont se compose un nombre, ne soient pas présens ; renouvelons pour rendre cette vérité plus sensible, la figure dont nous avons déjà fait usage

et dans laquelle il soit proposé d'écrire le nombre *cent deux mille vingt-neuf.*

| Unités de mille. ||| Unités simples. |||
Centaines.	Dixaines.	Unités.	Centaines.	Dixaines.	Unités.
1		2		2	9

Comme ce nombre manque de *dixaines* de *mille* et de *centaines d'unités simples* il est évident qu'il doit rester deux cases vides; cependant si l'on enlevait la figure ou l'encadrement dont on vient de faire usage, il en résulterait 1229, expression qui, d'après ce qui précède représenterait seulement

mille deux cent vingt-neuf,

par la raison que les chiffres n'occupent plus le rang des unités qu'ils représentent, puisque 1 qui désigne une centaine de mille n'est que le quatrième à gauche, tandis qu'il devrait être le sixième, les mille étant en effet le sixième terme de la période numérique à partir de la droite. C'est pour obvier aux inconvéniens de ce genre que l'on inventa le 0 (zéro). Ce caractère ou chiffre est destiné à tenir la place des termes de la période numérique qui manquent dans la figure ci-dessus ; on eut dû l'écrire dans les cases vides, il en serait résulté :

UNITÉS DE MILLE.			UNITÉS SIMPLES.		
1	0	2	0	2	9

et en enlevant la figure
            102,029
d'où il suit que toutes les fois qu'il sera donné un nombre à écrire en chiffres, il faudra signaler par des 0 chacun des termes absens de la période numérique. Soit le nombre *trois cent millions quarante-sept mille neuf.*

j'écris 3 pour les centaines ⎫
            0 — — dixaines ⎬ de millions.
            0 — — unités ⎭
            0 — — centaines ⎫
            4 — — dixaines ⎬ de mille.
            7 — — unités ⎭
            0 — — centaines ⎫
            0 — — dixaines ⎬ d'unités simples.
            9 — — unités ⎭

Tous les chiffres disposés suivant leur ordre de grandeur, forment l'expression
            300,047,009.

11. En écrivant 0, 00, 000, 0000 à la suite d'un nombre, on le rend *dix, cent, mille, dix mille,* etc., fois plus grand.

Si l'on écrit seulement 0, il est censé tenir la place des unités simples, lesquelles passent au rang des *dixaines*; celles-ci au rang des *centaines*, ces dernières au rang des *mille*, et ainsi de suite.

Si l'on met 00 à la suite du nombre donné, les *unités simples* passent au rang des *centaines*, celles-ci au rang des *dixaines de mille*, etc., de façon qu'au total le nombre devient *cent* fois plus grand.

Les figures suivantes dans lesquelles est inscrit le même nombre, montrent aux yeux les effets que produisent un ou plusieurs zéros écrits à la droite d'un nombre. Soit le nombre 2,329

	MILLIONS.		MILLE.		UNITÉS.	
avec 0 à la suite.		2	3	2	9	0
00	2	3	2	9	0	0
000	2	3	2	9	0	0	0

Par la même raison, on rend un nombre 10, 100, 1000 fois plus petit, en retranchant un, deux... des 0 qui se trouvent à sa droite; 1000 est plus petit que 10,000; 100 est cent fois plus petit que 10,000, etc.

DE LA MANIÈRE D'ÉCRIRE LES NOMBRES.

12. Pour écrire un nombre, il faut savoir par cœur tous les termes de la période numérique, et apprendre à les réciter, en commençant par ceux de l'ordre le plus élevé. Dites donc :

Centaines, dixaines, unités de ....
....
quatrillion,
trillion,
billion,
million,
mille,
unité simple,

et représentez par un chiffre convenable, chaque espèce de ces diverses unités ; cela a déjà été enseigné ci-devant (n°s 9 et 10), où nous avons fait connaître les cas où il faut faire usage du 0.

Quelques heures d'exercice suffisent pour enseigner aux élèves à écrire toutes sortes de nombres.

OPÉRATIONS QUE L'ON PEUT FAIRE SUR LES NOMBRES.

13. Les opérations que l'on peut faire sur les nombres, se réduisent à deux principales,

par lesquelles on les rend plus grands ou plus petits.

Pour rendre un nombre plus grand, il faut lui en ajouter un ou plusieurs autres.

Au contraire, pour rendre un nombre plus petit, il faut retrancher un autre nombre.

L'opération par laquelle on ajoute ensemble deux ou plusieurs nombres, s'appelle *addition*.

L'addition prend le nom de *multiplication*, quand on ajoute le même nombre à lui-même, un certain nombre de fois.

Lorsqu'on retranche un nombre d'un autre, l'opération s'appelle *soustraction*.

La soustraction prend le nom de *division*, lorsqu'on retranche le même nombre, un certain nombre de fois, d'un autre nombre.

Il y a donc quatre opérations principales dans l'arithmétique. Ce sont : l'ADDITION, la SOUSTRACTION, la MULTIPLICATION et la DIVISION.

DE L'ADDITION.

14. Pour ajouter deux ou plusieurs nombres ensemble, il faut les écrire les uns au-dessus des autres, de façon que les unités de même espèce soient toutes sur la même colonne verticale, c'est-à-dire qu'il faut mettre les unités sous les unités, les dixaines sous les

dixaines, les centaines sous les centaines, les mille sous les mille, etc., etc.

Le résultat de l'addition s'appelle *somme*.

Soit demandé d'ajouter ensemble les nombres 11, 12, 16, je les écris comme on voit ci-dessous :

$$\begin{array}{r} 11 \\ 12 \\ 16 \\ \hline \text{Somme, } 39 \end{array}$$

Je tire une barre, et je dis, en commençant par la droite, 1 et 2 font 3; 3 et 6 font 9, j'écris cette somme 9 au-dessous de la barre, au pied de la colonne des unités simples, parce que cette somme 9 se compose d'unités de cette espèce.

Je passe ensuite à la colonne suivante, celle des dixaines, et je dis : 1 et 1 font 2; 2 et 1 font 3, j'écris cette somme 3 au-dessous de la barre, à la gauche du 9, parce que les unités 3 sont des dixaines.

Comme il n'y a plus de colonne à la gauche des dixaines, l'opération est terminée, et j'ai 39 pour résultat ou *somme* totale.

Autre exemple.

$$\begin{array}{r} 646 \\ 295 \\ 748 \\ \hline \text{Somme, } 1{,}689 \end{array}$$

Ayant disposé les nombres qu'il s'agit d'ajouter ensemble, comme on voit ci-dessus, je commence par la colonne des unités simples, et je dis :

6 et 5 font 11 ; 11 et 8 font 19, somme qui se compose de 9 *unités simples* et de 1 *dixaine*, j'écris 9 au-dessous de la barre, à la colonne des unités, et je retiens 1 ou la *dixaine*, pour la joindre aux unités de même espèce, c'est-à-dire les dixaines, lesquelles sont contenues dans la colonne suivante à gauche.

Je continue, en disant : 1 que j'ai retenu et 4 font 5 ; 5 et 9 font 14 ; 14 et 4 font 18, ce sont évidemment 18 dixaines, or 18 dixaines font 1 centaine et 8 dixaines, j'écris ces 8 derniers à la colonne des dixaines, et je retiens 1 ou 1 centaine pour la joindre aux unités de la troisième colonne à gauche, laquelle contient des centaines.

Je dis donc : 1 et 6 font 7 ; 7 et 2 font 9 ; 9 et 7 font 16. Cette dernière somme se compose évidemment de centaines, mais 16 centaines valent 1 mille plus 6 centaines, j'écris les 6 dernières à la colonne des centaines, et comme il n'y a plus de colonne à ajouter, je porte le 1 mille à la gauche des centaines, parce que dans l'ordre périodique des nombres, les unités de mille viennent à gauche, immédiatement après les centaines.

La somme totale est 1,689, elle équivaut aux trois nombres qu'il fallait ajouter, car elle contient toutes leurs unités simples, toutes leurs dixaines, toutes leurs centaines.

Autre exemple.

S'il y avait des 0 parmi les nombres qu'il faudrait ajouter, on se conduirait de la même manière que nous avons fait ci-dessus, en se souvenant que les 0 tiennent la place des unités d'un certain ordre qui manquent dans la période numérique

8,070
9,620
5,200
——————

Somme, 22,890.

Comme les trois nombres qu'il s'agit d'ajouter ensemble, se terminent par des 0, il est évident qu'il ne peut pas y avoir des unités simples à la somme, j'écris donc 0 pour indiquer leur absence.

Je dis ensuite 7 et 2 font 9, et 0 ou rien, cela fait toujours 9 ; j'écris 9 à la somme, à la colonne des dixaines.

Je continue en disant 0 et 6 font 6 ; 6 et

2 font 8, que j'écris à la somme à la colonne des centaines.

Je passe à la quatrième colonne, elle donne 22 *mille*, je les écris à la somme, en observant de mettre les 2 mille à la colone des unités de cette espèce, et *vingt* ou les deux *dixaines* de mille à leur gauche; cela fait, l'opération est terminée.

Autre exemple :

```
 782
 418
————
1200
```

DE LA SOUSTRACTION.

15. Dans cette opération, qui, comme on l'a déjà dit, consiste à retrancher un nombre d'un autre, on dispose ces deux nombres, l'un, celui qu'il faut retrancher, au-dessous de celui dont il faut le retrancher, en mettant comme pour l'addition les unités sous les unités, etc.

Le résultat de la soustraction s'appelle reste ou différence.

Exemple:

De 7869, retrancher 3235.
```
     7869
     3235
     ----
Reste 4634
```

Ayant disposé les deux nombres comme on voit ci-dessus, je commence par la colonne des unités simples et je dis : si de 9 j'ôte 5 il reste 4, j'écris ce reste 4 au-dessous de la barre à la colonne des unités.

Je passe à la colonne des dixaines, j'ôte 3 de 6, il me reste 3 que j'écris sous la barre à la gauche du premier reste 4.

Je passe à la colonne suivante, celle des centaines, j'ôte 2 de 8, il me reste 6 que j'écris à la gauche du reste 3.

Enfin je retranche 3 de 7, et j'ai pour reste 4 que j'écris à la gauche du dernier reste 6.

Comme il n'y a plus d'autre colonnes, l'opération est terminée, et la *différence* ou *reste total* est 4634, ce résultat doit être satisfaisant puisque l'on a retranché des *unités*, des *dixaines*, des *centaines*, des *mille*, du nombre supérieur, les *unités*, les *dixaines*, les *centaines* du nombre inférieur.

Autre exemple :

De   838476
Oter 25657
───────
Reste 812819

Les nombres étant disposés comme on voit, je dis : si de 6 j'ôte 7 ? cela ne se peut, puisque les 6 unités du nombre supérieur ne contiennent pas les 7 unités de même espèce du nombre inférieur ; je passe au chiffre des *dixaines* sur lequel j'emprunte 1 ou une *dixaine*, et j'affecte ce chiffre d'un point pour me rappeler que dorénavant il ne représente plus que 6 unités de dixaine.

L'unité que j'ai empruntée valant dix unités simples, je les joins aux 6 que j'avais déjà, ce qui fait en tout 16 unités simples, dont je puis retrancher facilement les 7 unités de même espèce du nombre inférieur ; retranchant 7 de 16, il reste 9 que j'écris au-dessous de la barre à la colonne des unités simples.

Je passe à la colonne des *dixaines* et je dis : si de 7 ou plutôt de 6, je retranche 5 ? il reste 1 que j'écris au-dessous de la barre à la gauche du premier reste 9.

De là je passe à la troisième colonne, et j'essaie de retrancher 6 de 4 ; comme c'est impossible, j'y remédie en empruntant 1 sur le chiffre 8 que j'affecte d'un point pour me rappeler qu'il ne représente plus que 7 unités ; 1 ou l'unité que j'ai empruntée vaut dix unités de l'espèce de celles que représente le chiffre 4, car ce dernier représente des centaines, et le chiffre 8 qui le précède immédiatement représente des mille.

Je dis donc 10 que j'ai emprunté et 4 font 14, dont il est possible de retrancher 6, il reste 8 que j'écris au-dessous de la barre.

Je continue ensuite et je retranche 5 de 8 ou plutôt de 7, il reste 2, que j'écris au-dessous de la barre ; je retranche 2 de 3, il reste 1, je l'écris au *reste* total.

Enfin, le nombre supérieur contient encore un chiffre 8, au-dessous duquel il ne s'en trouve pas dans le nombre inférieur qui représentent des unités de son ordre, il n'y a donc rien à retrancher de ce chiffre, par conséquent je l'écris tel qu'il est au reste total, lequel est 812,819.

Autre exemple.

$$\begin{array}{rr} \text{De} & \overset{\cdot\;\;\overset{9}{\cdot}}{70403} \\ \text{Oter} & 62064 \\ \hline \text{Reste} & 08339 \end{array}$$

Les nombres étant écrits convenablement, j'essaie de retrancher 4 de 3; comme cela ne se peut, j'ai recours, comme dans le précédent, à un emprunt que j'effectuerai sur le chiffre précédent qui est celui des dixaines ; mais je trouve qu'un 0 indique l'absence totale d'unités de cette espèce, je me reporte plus loin sur le chiffre significatif 4, lequel représente des centaines; je lui emprunte 1 ou une *centaine*, mais je n'ai pas besoin d'une si grande quantité, 10 unités simples me suffisent ; j'en ai donc 90 de trop ou 9 dixaines, je laisse ces 9 derniers à la colonne des dixaines, en écrivant pour les représenter 9 au-dessus du 0.

Je dis ensuite 10 que j'ai empruntés et 3 font 13, j'en retranche 4 il me reste 9.

Je continue donc en disant, si de 0 j'ôte 6? cela ne se peut, mais il m'est permis de disposer des 9 unités de dixaines que j'ai laissées tout-à-l'heure sur le 0, je retanche donc 6 de 9, et j'écris le reste 3 au-dessous de la barre ; après quoi je retranche 0 ou rien de 4 ou plutôt de 3, et comme retrancher 0 d'un chiffre, c'est n'en rien ôter, il reste toujours 3 que j'écris comme un reste ordinaire.

Je passe à la colonne suivante, et je vois qu'il faut retrancher 2 de 0 ; comme cela ne se peut, attendu que ce dernier chiffre ne présente rien d'effectif, j'emprunte 1 sur le chiffre suivant 7, laquelle unité vaut 10, relativement aux unités dont 0 tient la place, et je dis retranchant 2 de 10 il reste 8.

Puis je passe au chiffre 7 qui ne vaut plus que 6, dont je retranche 6, il ne reste rien, j'écris 0 au reste, mais je pourrai m'en dispenser, attendu qu'un ou plusieurs 0 écrits à la gauche d'un nombre n'a aucune influence sur sa valeur.

Règle générale. Toutes les fois que l'on sera obligé d'aller emprunter sur un chiffre séparé de la colonne où l'on opère, par un ou plusieurs 0, chacun de ces derniers représente 9 unités, après l'emprunt, de même espèce que celles dont les 0 tiennent la place, en voici encore un exemple :

$$\begin{array}{ll} & 999 \\ \text{De} & 780002 \\ \text{Oter} & 465237 \\ \hline \text{Reste} & 314765 \end{array}$$

Ici on est obligé d'emprunter sur le chiffre 8, lequel représente des unités de *dixaines* de *mille*. Or, comme on n'a absolument besoin que de 10 unités simples ou 9990 de reste ou 9 unités de *mille*, ou 9 unités de *centaine* et 9 unités de *dixaine*, cette quantité se trouve convenablement distribuée, en plaçant les 9 *mille* sur le 0 qui tient la place des unités de cet ordre ; les 9 *centaines* à la colonne des centaines, et les 9 *dixaines* à la colonne des dixaines.

Quand une fois on a l'habitude du calcul, on se dispense d'écrire des 9 sur les 0 comme nous avons fait dans les exemples précédens, seulement on considère les 0 comme valant chacun 9.

DE LA MULTIPLICATION.

16. Comme nous l'avons déjà dit (13), la *multiplication* est une opération par laquelle on ajoute à lui-même un nombre qui alors prend le nom de *multiplicande* (qui doit être multiplié), autant de fois qu'il y a d'unités dans un autre appelé *multiplicateur* (qui multiplie.)

Le résultat qui est comme dans l'addition une véritable s*omme*, prend le nom spécial de *produit*.

On donne encore au multiplicande et au multiplicateur le nom de facteurs (faiseurs) du *produit*.

Multiplier un nombre d'un seul chiffre par un nombre d'un seul chiffre.

Soit le nombre 6 qu'il faut multiplier par le nombre 4.

D'après la définition que nous avons donnée de la multiplication, (n° 16), s'il est demandé d'ajouter 6 qui est ici le *multiplicande* autant de fois à lui-même qu'il y a d'unités dans le *multiplicateur* 4, c'est-à-dire qu'il est question d'ajouter 6, 4 fois à lui-même, cette opération peut se faire par l'addition : en effet, écrivons 6, 4 fois sur une même colonne verticale comme ci-dessous :

$$\begin{array}{r}6\\6\\6\\6\\\hline\end{array}$$

Somme ou produit.. 24

Faisant l'addition, on trouve 24 pour *somme* ou *produit*, les conditions de la demande sont parfaitement remplies, car nous avons bien réellement ajouté 6, 4 fois à lui-même, toute multiplication peut se faire de la même manière.

Soit par exemple proposé de multiplier 529, par 5.

529
529
529
529
529
———
Produit   2645

Pour cela j'écris le *multiplicande* 529 comme on voit ci-dessus 5 fois, c'est-à-dire autant de fois qu'il y a d'unités dans le *multiplicateur* 5, je fais l'addition et j'ai pour *produit* 2645.

Soit encore proposé de multiplier 529 par 13.

J'écrirai 529 13 fois, après quoi je ferai comme ci-dessus l'addition pour avoir le *produit total* 6877.

17. Quoique la méthode dont il vient d'être fait des applications, soit infaillible et fort simple, elle a néanmoins de grands inconvéniens, tellement que dans bien des cas, elle serait impraticable, comme par exemple s'il était demandé de multiplier 963 427 503 872 par 842 637 915 297 492, il ne faudrait rien de moins que 40 ou 50 *billions* de mains de papier et 25 *millions* d'années à un homme laborieux pour écrire le multiplicande autant de fois qu'il y a d'unités dans le multiplicateur; mais on a trouvé une marche aussi

exacte qu'expéditive au moyen de laquelle on peut opérer dans tous les cas imaginables ; pour en faire usage avec facilité, il est bon de savoir par cœur les produits de tous les nombres d'un seul chiffre, par un nombre d'un seul chiffre quelconque: tous les produits se trouvent dans la table suivante.

Table de multiplication et manière de s'en servir.

1	2	3	4	5	6	7	8	9
2	4	6	8	10	12	14	16	18
3	6	9	12	15	18	21	24	27
4	8	12	16	20	24	28	32	36
5	10	15	20	25	30	35	40	45
6	12	18	24	30	36	42	48	54
7	14	21	28	35	42	49	56	63
8	16	24	32	40	48	56	64	72
9	18	27	36	45	54	63	72	81

Pour la construction de la table ci-dessus, on a écrit tous les nombres d'un seul chiffre suivant leur ordre de grandeur sur une même ligne horizontale, c'est la première tranche horizontale supérieure, elle commence par 1 et finit par 9.

Pour former la seconde tranche horizontale on a ajouté les nombres de la première tranche une fois à eux-mêmes, en disant 1 et 1 font 2, que l'on a écrit au-dessous de 1, puis on a dit 2 et 2 font 4, que l'on a écrit au-dessous de 2 et ainsi de suite jusqu'à 9, où l'on a dit 9 et 9 font 18 que l'on a écrit au-dessous de 9.

La troisième tranche horizontale s'est formée en ajoutant successivement aux nombres de la seconde ceux de la première qui se trouvent dans la même colonne verticale dont ils font partie, ainsi on a dit 2 et 1 font 3 que l'on a écrit au-dessous de 2, et l'on a eu le premier nombre de la troisième tranche horizontale; on a dit ensuite 4 et 2 font 6; 6 et 3 font 9; 8 et 4 font 12, etc.

On a continué de la même manière, en ajoutant toujours aux nombres d'une tranche horizontale, ceux qui sont au sommet des colonnes verticales où ils se trouvaient eux-mêmes, et l'on a formé ainsi la tranche suivante inférieure, et l'on s'est arrêté lorsque l'on a eu 9 tranches horizontales et 9 colonnes verticales.

L'usage de cette table est facile. Veut-on

savoir par exemple quel est le produit de 6 multiplié par 7, on met le doigt sur le nombre 6 de la première tranche horizontale supérieure, et l'on descend dans la colonne verticale dont ce nombre 6 forme le sommet jusqu'à ce que l'on soit arrivé dans la tranche horizontale qui commence par 7 à gauche où se trouve le nombre 42, lequel est en effet le produit de 6 multiplié par 7.

Moyen de se passer de la table précédente.

18. Quoiqu'il soit facile d'apprendre et de retenir la table précédente, il est un moyen pour ainsi dire mécanique dont on peut connaître l'usage en quelques momens et au moyen duquel on peut faire à l'instant le produit de tous les nombres d'un seul chiffre au-dessus de 5 exclusivement, les doigts de la main servent d'instrument aux opérations de ce genre.

Soit proposé de multiplier 7 par 9 : fermez tous les doigts de vos deux mains, représentez 7 par la main gauche (ou la main droite, c'est indifférent), et 9 par la main droite, dites-vous ensuite :

De combien d'unités s'en faut-il pour que 7 égale 10 ? de 3 , ouvrez trois doigts de la main gauche, et laissez les autres fermés.

Faites-vous, relativement à la main droite,

une question semblable, en disant : de combien d'unités s'en faut-il pour que 9 égale 10 ? de 1 ; ouvrez donc 1 des doigts de cette main, il en restera 4 de fermés qui avec les 2 de la main gauche, feront 6 doigts fermés, chacun de ces doigts fermés représente une dixaine, vous compléterez donc 6 *dixaines* ou 60.

Puis vous multiplierez les 3 doigts ouverts de la main gauche par le doigt levé de la main droite, en disant : 1 fois 3 fait 3, vous ajouterez le produit 3 à 60 que vous avez déjà, le tout fera 63, c'est le produit exact de 7 multiplié par 9.

S'il était demandé de multiplier 8 par 6, on représenterait le premier de ces nombres par la main droite, le second par la main gauche, on ouvrirait 2 doigts de la première et 4 de la gauche ; il en resterait 4 de fermés dans les deux mains prises ensemble, lesquels représenteraiant 4 dixaines ou 40, on multiplierait les doigts levés de la droite par les doigts levés de la gauche, en disant : 4 fois 2 font 8, on ajouterait 8 à 40, et la somme 48 serait le produit véritable de 8 multiplié par 6.

Quelques minutes suffisent pour enseigner aux élèves l'usage de cette méthode, mais, comme on l'a déjà dit, elle ne sert que pour les nombres qui sont au-dessus de 5. Plus tard (en algèbre), nous en donnerons la théorie, et nous l'appliquerons à un bien plus grand nombre de quantités.

Multiplier un nombre de deux chiffres par un nombre d'un seul chiffre.

Soit le nombre 54 qu'il faut multiplier par 6.

multiplicande	54
multiplicateur	6
1ᵉʳ produit partiel	24
2ᵉ — — —	300
Produit total	324

J'écris, comme on voit ci-dessus, le *multiplicateur* 6 au-dessous du *multiplicande* 54, et je tire une barre.

Cela fait, je considère les unités 4 du multiplicande comme si elles étaient isolées, et je me conduis de la même manière que si j'avais 4 seulement à multiplier par 6. Je cherche dans la table (n° 17), le produit de 4 par 6, je trouve qu'il est 24, j'écris ce nombre au-dessous de la barre, de façon que les unités 4 se trouvent sur la même colonne que les unités simples du multiplicande et du multiplicateur. Les dixaines 2 se trouvent par conséquent aussi dans la même colonne que les dixaines 5 du multiplicande.

Je passe ensuite au chiffre 5 de ce dernier facteur, et je cherche dans la table le produit de 5 par 6, je trouve 30; voulant me rendre compte de l'espèce des unités de ce produit 30, je reconnais que ce sont des unités de dixaine, attendu que le chiffre 5 du multiplicande représente des dixaines; 5 dixaines multipliées par 6, produisent donc 30 dixaines ou 3 centaines, j'écris donc 300 au-dessous du produit partiel 24, de manière que le dernier 0 à droite qui tient la place des unités, se trouve à la colonne des unités, le suivant à la colonne des dixaines, et le 3 à celle des centaines.

Je fais l'addition à l'ordinaire des deux produits partiels et il me vient 324 pour poroduit total.

19. Toute multiplication, quelque soit le nombre des chiffres au multiplicande par un chiffre au multiplicateur, peut s'effectuer de la même manière; mais on peut abréger l'opération ainsi qu'on l'a fait ci-dessous; pour cela on a repris le même exemple.

Multiplicande.. 54
Multiplicateur... 6
Produit total. 324

Je commence comme ci-dessus, en disant 6 fois 4 font 24 ou 2 dixaines et 4 unités; j'écris les 4 unités seulement à la colonne des unités et je retiens les 2 dixaines, me conduisant d'une manière analogue à la méthode que l'on suit dans l'addition.

Je dis ensuite 6 fois 5 font 30, 30 quoi ? 30 dixaines, puisque le chiffre 5 du multiplicande représente des dixaines, à ces 50 dixaines j'ajoute les deux que j'avais retenues, ce qui forme 32 dixaines ou 3 centaines et 2 dixaines, j'écris ces deux dernières seulement à la colonne des dixaines, et je retiens les 3 centaines; mais comme il n'y a pas d'autre chiffre au multiplicande, j'écris 3 au produit, à la colonne des centaines et l'opération est terminée sans qu'il soit besoin de faire d'addition postérieure comme ci-dessus.

Multiplier un nombre de 2 chiffres par un nombre de 2 chiffres.

20. Soit 54 à multiplier par 26.

	54 multiplicande.
	26 multiplicateur.
1er produit partiel.	324
2me — — —	1080
Produit total.	1404

Ayant écrit les deux nombres comme on voit ci-dessus, je multiplie d'abord 54 par 6 comme j'ai fait (n° 19), c'est-à-dire que je me conduis comme si le multiplicateur était 6 seulement, et j'ai le produit partiel 324 que j'obtiens en disant 6 fois 4 font 24, je pose 4 et je retiens 2 ; 6 fois 5 font 30 et 2 que j'ai retenus font 32 que j'écris à la gauche des unités 4.

Je passe ensuite au chiffre 2 du multiplicateur, et je fais abstraction du chiffre 6, mais je fais l'observation que ce chiffre 2 représente des *dixaines*.

Je multiplie les unités 4 du multiplicande par 2, en disant 2 fois 4 font 8 ; de quelle espèce sont les unités de ce produit 8 ? évidemment ce sont des dixaines, car le multiplicateur 2 représentant des dixaines, le produit doit être 10 fois plus grand que si le multiplicateur représentait des *unités simples*, l'on opère en effet comme si l'on disait 20 fois 4 font 80 ou huit dixaines, j'écris donc 80 au-dessous du premier produit partiel, de façon, que le chiffre 8 soit à la colonne des dixaines et le 0 à celle des unités.

Je multiplie ensuite le chiffre 5 du multiplicande par le multiplicateur 2, or comme ces deux chiffres représentent l'un et l'autre des dixaines, il s'en suit que le résultat doit être le même que si je multipliais 50 par 20.

Pour bien faire concevoir l'exactitude de la méthode que l'on suit dans la multiplication, j'efface les 0 du multiplicateur et du multiplicande et j'opère comme si j'avais à multiplier 5 par 2, le produit serait 10.

Or, ce n'était pas 5 unités simples que j'avais à multiplier par 2, mais bien 5 dixaines, c'est-à-dire une quantité 10 fois plus grande que 5, le produit doit donc être 100, quantité qui égale 10 fois 10.

Mais en multipliant par 2 j'ai fait usage d'un multiplicateur 10 fois trop petit, donc le produit 100 doit être rendu 10 fois plus grand ou être écrit à la colonne des mille.

Autre exemple.

On propose de multiplier   65487
par   6958
                                      523896
                                      327435
                                      589583
                                      592922
                       455658546 produit

Je multiplie d'abord 65487 par le nombre 8 des unités du multiplicateur et j'écris successivement sous la barre, les chiffres du produit 525896 que je trouve en suivant la règle donnée pour le premier cas.

Je multiplie de même le nombre 65487 par le second chiffre 5 du multiplicateur, et j'écris le produit 327435 sous le premier produit, mais en plaçant le premier chiffre 5 sous les dixaines de ce premier produit.

Multipliant pareillement 65487 par le troisième chiffre 9, j'écris le produit 589383 sous le précédent, mais en plaçant le premier chiffre 3 au rang des centaines, parce que le nombre par lequel je multiplie est un nombre de centaines.

Enfin, je multiplie 65487 par le dernier chiffre 6 du multiplicateur, et j'écris le produit 392922 sous le précédent, en avançant encore d'une place, afin que son premier chiffre occupe la place des mille, parce que le chiffre par lequel on multiplie, marque des mille. Enfin, j'ajoute tous ces produits, et j'ai 455658546 pour le produit de 65487, multiplié par 6958, c'est-à-dire par la valeur de 65487 pris 6958 fois. En effet, on a pris 65487, 8 fois par la première opération, 50 fois par la seconde, 900 fois par la troisième, et 6000 fois par la quatrième.

21. Si le multiplicante ou le multiplicateur, ou tous les deux, étaient terminés par des zéros,

on abrégerait l'opération, en multipliant comme si ces zéros n'y étaient point, mais on les mettrait ensuite tous à la suite du produit. (n° 11.)

Exemple.

On propose de multiplier   6500
par...................   350
                              325
                           195
                     2275000

Je multiplie seulement 65 par 35, et je trouve 2275, à côté duquel j'écris les trois zéros qui se trouvent, en tout, à la suite du multiplicande et du multiplicateur.

En effet, le multiplicande 6500 représente 65 centaines : ainsi quand on multiplie 65, on doit sous-entendre que le produit est des centaines. Pareillement, le multiplicateur 350 marque 35 dixaines. Ainsi, quand on multiplie par 35, on doit sous-entendre que le produit sera des dixaines ; il sera donc des dixaines de centaines, c'est-à-dire des mille ; il doit donc avoir trois zéros. On appliquera un raisonnement semblable à tous les cas.

22. Lorsqu'il se trouve des zéros entre les chiffres du multiplicateur, comme la multiplication par ces zéros ne donnerait que des zéros, on se dispensera d'écrire ceux-ci dans le produit ;

passant de suite à la multiplication par le premier chiffre significatif qui vient après ces zéros, on avancera le produit sur la gauche, d'autant de places plus une, qu'il y a de zéros qui se suivent dans le multiplicateur, c'est-à-dire, de deux places, s'il y a un zéro ; de trois, s'il y en a deux. (n° 11).

Exemple :

Si l'on a........ 42052
à multiplier par..... 3006
———————
252312
126156
———————
126408312

Après avoir multiplié par 6, et écrit le produit 252312, on multipliera tout de suite par 3 ; mais on écrira le produit 126156, de manière qu'il marque des mille ; il faudra le reculer de trois places, c'est-à-dire d'une place de plus qu'il n'y a de zéros interposés aux chiffres du multiplicateur.

DE LA DIVISION DÉCIMALE.

23. Diviser un nombre par un autre, c'est en général, chercher combien de fois le premier de ces deux nombres contient le second.

Le nombre qu'on doit diviser, s'appelle *di-*

vidende; celui par lequel on doit diviser, *diviseur*; et celui qui marque combien de fois le dividende contient le diviseur, s'appelle *quotient*.

On n'a pas toujours pour but, dans la division, de savoir combien de fois un nombre en contient un autre; mais on fait l'opération, dans tous les cas, comme si elle tendait à ce but; c'est pourquoi on peut toujours la considérer comme l'opération par laquelle on trouve combien de fois le dividende contient le diviseur.

Il suit de là que, si l'on multiplie le diviseur par le quotient, on doit reproduire le dividende, puisque c'est prendre ce diviseur autant de fois qu'il est dans le dividende : cela est général, soit que le quotient soit un nombre entier, soit qu'il soit un nombre fractionnaire.

Quant à l'espèce des unités du quotient, ce n'est ni par l'espèce de celles du dividende, ni par l'espèce de celles du diviseur, ni par l'une et l'autre qu'il faut en juger; car le dividende et le diviseur restant les mêmes, le quotient, qui sera aussi toujours le même numériquement, peut être fort différent pour la nature de ses unités, selon la question qui donne lieu à cette division.

Par exemple, s'il est question de savoir combien 8 fr. contiennent de fois 4 fr., le quotient sera un nombre abstrait qui marquera 2 fois; mais, s'il est question de savoir combien, pour 8 fr. on fera faire d'ouvrage à raison de 4 fr. la toise, le quotient sera 2 toises, qui est un nombre concret, et dont l'espèce n'a aucun rapport avec le dividende ni avec le diviseur.

Mais on voit, en même temps, que la question seule qui conduit à faire la division dont il s'agit, décide la nature des unités du quotient.

De la Division d'un nombre composé de plusieurs chiffres, par un nombre qui n'en a qu'un.

24. L'opération que nous allons décrire suppose qu'on sache combien de fois un nombre d'un ou de deux chiffres contient un nombre d'un seul chiffre. C'est une connaissance déjà acquise, quand on sait de mémoire les produits des nombres qui n'ont qu'un chiffre. On peut aussi, pour y parvenir, faire usage de la table que nous avons donnée ci-dessus (n° 17). Par exemple, si je veux savoir combien de fois 74 contient 9, je cherche le diviseur 9 dans la bande supérieure, et je descends verticalement jusqu'à ce que je rencontre le nombre le plus approchant de 74: c'est ici 72; alors le nombre 8 qui est vis-à-vis 72, dans la première colonne, est le nombre de fois, ou le quotient que je cherche.

Cela supposé, voici comment se fait la division d'un nombre qui a plusieurs chiffres, par un nombre qui n'en a qu'un.

Écrivez le diviseur à côté du dividende, séparez l'un de l'autre par un trait, et soulignez le diviseur sous lequel vous écrirez les chiffres du quotient, à mesure que vous les trouverez.

Prenez le premier chiffre sur la gauche du dividende, ou les deux premiers chiffres, si le premier ne contient pas le diviseur.

Cherchez combien de fois ce premier ou ces deux premiers chiffres contiennent le diviseur, écrivez ce nombre de fois sous le diviseur.

Multipliez le diviseur par le quotient que vous venez d'écrire, et portez le produit sous la partie du dividende que vous venez d'employer.

Enfin, retranchez le produit de la partie supérieure du dividende, à laquelle il répond, et vous aurez un reste.

A côté de ce reste, abaissez le chiffre suivant du dividende principal, et vous aurez un second dividende partiel, sur lequel vous opérerez comme sur le premier, plaçant le quotient à droite de celui qu'on a déjà trouvé, multipliant de même le diviseur par ce quotient, écrivant et retranchant le produit comme ci-devant.

Vous abaisserez de même, à côté du reste

D'ARITHMÉTIQUE.

de cette division, le chiffre du dividende, qui suit celui que vous avez descendu, et vous continuerez toujours de la même manière, jusqu'au dernier inclusivement.

Cette règle va être éclaircie par l'exemple suivant.

Exemple.

On propose de diviser 8769 par 7.

J'écris ces deux nombres comme on le voit ci après :

```
dividende   8769 | 7 diviseur.
             7   |‾‾‾‾‾‾‾‾‾‾‾‾
            ‾‾   | 1252 5/7 quotient.
            17
            14
            ‾‾
            56
            35
            ‾‾
            19
            14
            ‾‾
             5
```

Et, commençant par la gauche du dividende, je devrais dire : en 8 mille combien de fois 7 ? mais je dis simplement : en 8 combien de fois 7 ? Il y est une fois. Cet 1 est naturellement mille ; mais les chiffres qui viendront après, lui donneront sa véritable valeur ; c'est pourquoi j'écris 1 sous le diviseur.

Je multiplie le diviseur 7 par le quotient 1, et je porte le produit 7 sous la partie 8 que je viens de diviser ; faisant la soustraction, j'ai pour reste 1.

Ce reste 1 est la partie du 8 qui n'a pas été divisée, et est une dixaine à l'égard du chiffre suivant 7 ; c'est pourquoi j'abaisse ce même chiffre 7 à côté, et je continue l'opération en disant : en 17 combien de fois 7 ? 2 fois. J'écris ce 2 à la droite du premier quotient 1, qu'a donné la première opération.

Je multiplie, comme dans la première opération, le diviseur 7 par le quotient 2 que je viens de trouver ; je porte le produit 14 sous mon dividende partiel 17, et faisant la soustraction, il me reste 3 pour la partie qui n'a pas pu être divisée.

A côté de ce reste 3, j'abaisse 6, troisième chiffre du dividende, et je dis : en 36 combien de fois 7 ? 5 fois. J'écris 5 au quotient.

Je multiplie le diviseur 7 par 5 ; et, ayant écrit le produit 35 sous mon nouveau dividende partiel, je l'en retranche, et il me reste 1.

Enfin, a côté de ce reste 1, j'abaisse le chiffre 9 du dividende, et je dis : en 19 combien de fois 7 ? 2 fois. J'écris 2 au quotient.

Je multiplie le diviseur 7 par ce nouveau quotient 2, et, ayant écrit le produit 14 sous mon dernier dividende partiel 19, j'ai pour reste 5.

Je trouve donc que 8,769 contiennent 7 autant de fois que marque le quotient que nous avons écrit, c'est-à-dire, 1,252 fois, et qu'il reste 5.

A l'égard de ce reste, nous nous contenterons, pour le présent, de dire qu'on l'écrit à côté du quotient, comme on le voit dans cet exemple, c'est-à-dire, en écrivant le diviseur au-dessous de ce reste, et séparant l'un de l'autre par un trait; et alors on prononce *cinq septièmes*. Nous expliquerons par la suite la nature de ces sortes de nombres.

25. Si, dans la suite de l'opération, quelqu'un des dividendes partiels se trouvait ne pas contenir le diviseur, on écrirait zéro au quotient, et omettant la multiplication, on abaisserait tout de suite un autre chiffre à côté de ce dividende partiel, et on continuerait la division.

Pour se rendre raison de cette règle, il faut se rappeler qu'un dividende peut être considéré comme le produit du diviseur par le quotient; diviser est donc une opération par laquelle on décompose le quotient d'une multiplication: or, si un facteur d'une multiplication contient un ou plusieurs zéros, il faudra que ces zéros se retrouvent dans le résultat de la division.

Soit, par exemple, 207 à multiplier par 23, on aura au produit 4,761.

Divisons ce dernier nombre par 23.

```
4761 | 23
 016 |‾‾‾‾
  161| 207
```

Nous dirons: en 47 combien de fois 23, 2 fois, plus 1 pour reste ; à côté duquel abaissant 6, il vient pour dividende partiel 16, qui ne contient pas 23, il faut donc écrire 0 au quotient, par la raison que le dividende partiel 47 exprimant des centaines, le dividende suivant 16 qui exprime des dixaines, ne contenant pas le diviseur 23, il ne peut pas y avoir des dixaines au quotient ; il est donc nécessaire d'écrire zéro à la colonne qu'elles pourraient occuper, sans quoi le quotient partiel 2 ne désignerait plus que des dixaines, etc.

De la Division par un Nombre de plusieurs chiffres.

26. Lorsque le dividende aura plusieurs chiffres, on se conduira de la manière suivante :

Prenez, sur la gauche du dividende, autant de chiffres qu'il est nécessaire pour contenir le diviseur.

Cela posé, au lieu de chercher, comme ci-devant, combien la partie du dividende que vous avez prise, contient votre diviseur entier, cherchez seulement combien de fois le premier chiffre de votre diviseur est compris dans le premier chiffre de votre dividende, ou dans les deux premiers, si le premier ne suffit pas ; marquez ce quotient sous le divisieur, comme ci-devant.

Multipliez successivement, selon la règle donnée, tous les chiffres de votre diviseur par ce quotient, et portez à mesure les chiffres du produit sous les chiffres correspondans de votre dividende partiel. Faites la soustraction, et, à côté du reste, abaissez le chiffre suivant du dividende, pour continuer l'opération de la même manière.

Nous allons éclaircir ceci par quelques exemples, et prévenir, en même temps, les cas qui peuvent causer quelqu'embarras.

Exemple

On propose de diviser 75347 par 53.

$$\begin{array}{r|l} 75347 & 53 \\ 53 & \overline{1421\ \frac{34}{53}} \\ \hline 223 & \\ 212 & \\ \hline 114 & \\ 106 & \\ \hline 87 & \\ 53 & \\ \hline 34 & \end{array}$$

Je prends seulement les deux premiers chiffres du dividende, parcé qu'ils contiennent le diviseur, et, au lieu de dire : en 75 combien de fois 53, je cherche seulement combien de fois les sept dixaines de 75 contiennent les 5 dixaines de 53, c'est-à-dire, combien de fois 7 contient 5 ; je trouve une fois, que j'écris au quotient.

Je multiplie 53 par 1, et je porte le produit 53 sous 75 : la soustraction faite, il reste 22, à côté duquel j'abaisse le chiffre 3 du dividende, et je poursuis en disant, pour plus de facilité : en 22 combien de fois 5 (au lieu de dire : en 223 combien de fois 53) ? je trouve 4 fois, que j'écris au quotient.

Je multiplie successivement par 4 les deux chiffres du diviseur, et je porte le produit 212 sous mon dividende partiel 223 ; la soustraction faite, j'ai pour reste 11 ; j'abaisse, à côté de ce reste, le chiffre 4 du dividende, et je dis simplement comme ci-dessus : en 11 combien de fois 5 ? 2 fois ; je l'écris au quotient, et je multiplie 53 par 2, ce qui me donne 106 que j'écris sous le dividende partiel 114 ; faisant la soustraction, j'ai pour reste 8, à côté duquel j'abaisse le dernier chiffre 7 ; je divise de même 87 ; et, continuant comme ci-dessus, je trouve 1 pour quotient, et 34 pour reste, que j'écris à côté du quotient, de la manière qui a été indiquée plus haut. (24).

Autre Exemple.

On propose de diviser 189492 par 375.

```
189492 | 375
 1875_   ‾‾‾‾‾‾‾
 ‾‾‾‾‾   505 117/375
  1992
  1875
  ‾‾‾‾
   117
```

Je prends les quatre premiers chiffres du dividende, parce que les trois premiers ne contiennent pas le diviseur.

Je dis ensuite : en 18 seulement combien de fois 3 ? il y est réellement 6 fois ; mais, en multipliant 375 par 6, j'aurais plus que mon dividende 1894 ; c'est pourquoi j'écris seulement 5 au quotient. Je multiplie 375 par 5 ; et, après avoir écrit le produit sous 1894, je fais la soustraction, et j'ai pour reste 19.

J'abaisse, à côté de 19, le chiffre 9 du dividende ; et, comme 199 que j'ai alors ne contient pas 375, je pose 0 au quotient, et j'abaisse, à côté de 199, le chiffre 2 du dividende, ce qui me donne 1992 pour lequel je dis : en 19 seulement combien de fois 3 ? 6 fois. Mais, par la même raison que ci-dessus, je n'écris au quotient que 5 ; et, après avoir opéré comme ci-devant, j'ai pour reste 117.

Voici une réflexion qui peut servir à éviter, dans grand nombre de cas, les tentatives inutiles. On est principalement exposé à ces essais douteux, lorsque le second chiffre du diviseur est sensiblement plus grand que le premier. Dans ce cas, au lieu de chercher combien de fois le premier chiffre du diviseur est contenu dans la partie correspondante du dividende, il faut chercher combien de fois ce premier chiffre augmenté d'une unité se trouve contenu dans la partie correspondante du dividende : cette épreuve sera toujours beaucoup plus approximative que la première.

Exemple.

On propose de diviser 1832 par 288.

$$\begin{array}{r|l} 1832 & 288 \\ 1728 & 6 \; \frac{104}{288} \\ \hline 104 & \end{array}$$

Au lieu de dire : en 18 combien de fois 2 ? je dirai, en 18 combien de fois 3 ? parce que le diviseur 288 approche beaucoup plus de 300 que de 200 ; je trouve 6 qui est le véritable quotient, au lieu que j'aurais trouvé 9, et j'aurais, par conséquent, été obligé de faire trois essais inutiles.

Moyens d'abréger la Méthode précédente.

27. C'est pour rendre la méthode plus facile

D'ARITHMÉTIQUE. 69

à saisir, que nous avons prescrit d'écrire sous chaque dividende partiel, le produit qu'on trouve en multipliant le diviseur par le quotient; mais, comme le but de l'Arithmétique doit être d'abréger les opérations, nous croyons devoir faire remarquer qu'on peut se dispenser d'écrire ces produits, et faire la soustraction à mesure qu'on a multiplié chaque chiffre du diviseur. L'exemple suivant suffira pour faire entendre comment se fait cette soustraction.

Exemple.

On veut diviser 756984 par 932.

$$
\begin{array}{r|l}
756984 & 932 \\
1138 & \overline{812\ \frac{200}{932}} \\
2064 & \\
\hline
200 &
\end{array}
$$

Après avoir pris les quatre premiers chiffres du dividende, qui sont nécessaires pour contenir le diviseur, je trouve que 75 contient 9, 8 fois, c'est pourquoi j'écris 8 au quotient, et, au lieu de porter sous 7569 le produit de 932 par 8, je multiplie d'abord 2 par 8, ce qui me donne 16; mais, comme je ne puis ôter 16 de 9, j'emprunte sur le chiffre suivant 6, une dixaine qui, jointe à 9, me donne 19, duquel ôtant 16, il me reste 3, que j'écris au-dessous.

Pour tenir compte de cette dixaine empruntée, au lieu de diminuer d'une unité le chiffre 6 sur lequel j'ai emprunté, je retiens cette unité que je vais ajouter au produit suivant; ainsi continuant la multiplication, je dis : 8 fois 3 font 24, et 1 que j'ai retenu font 25; comme je ne puis ôter 25 de 6, j'emprunte sur le chiffre suivant du dividende, deux dixaines qui, jointes à 6, me donnent 26, duquel j'ôte 25, et il me reste 1 que j'écris sous 6; par-là, j'ai tenu compte de la première dixaine dont j'aurais dû diminuer 6, parce que j'ai retranché une dixaine de plus. Je tiendrai, de même, compte des deux dixaines que je viens d'emprunter. Je continue donc en disant: 8 fois 9 font 72, et 2 que j'ai empruntés, font 74, lesquels ôtés de 75, il reste 1.

J'abaisse, à côté du reste 113, le chiffre 8 du dividende, et je continue de la même manière, en disant : en 11 combien de fois 9 ? 1 fois; puis : 1 fois 2 fait 2, qui ôté de 8, il reste 6; une fois 3 fait 3, qui ôté de 3, il reste 0; une fois 9 est 9, qui ôté de 11, il reste 2. J'abaisse le chiffre 4 à côté du reste 206, et je dis, en 20 combien de fois 9 ? 2 fois, et faisant la multiplication : 2 fois 2 font 4, qui ôté de 4, il reste 0; 2 fois 3 font 6, qui ôté de 6 reste 0; et enfin : 2

fois 9 font 18, qui ôté de 20, il reste 2 ou

$$\frac{200}{932}$$

Il peut arriver, dans le cours de ces divisions partielles, que le dividende contienne le diviseur plus de 9 fois; cependant, on ne doit jamais mettre plus de 9 au quotient; car si l'on pouvait seulement mettre 10, ce serait une preuve que le quotient trouvé par l'opération précédente serait faux, puisque la dixaine qu'on trouverait dans le quotient actuel, appartiendrait à ce premier quotient.

Si le dividende et le diviseur étaient suivis de zéros, on pourrait en ôter à l'un et à l'autre autant qu'il y en a à la suite de celui qui en a le moins. Par exemple, pour diviser 8000 par 400, je diviserai seulement 80 par 4; car il est évident que 80 centaines ne contiennent pas plus 4 centaines, que 80 unités ne contiennent 4 unités.

Preuve par 9.

Supposons qu'après avoir multiplié 65498 par 454, et trouvé que le produit est 29 736 092, on veuille éprouver si ce produit est exact.

On ajoutera tous les chiffres 6,5,4,9,8 du multiplicande, comme s'ils ne contenaient que des unités simples, et on retranchera 9 à mesure qu'il se trouvera dans la somme : on aura un reste qui sera ici 5.

On ajoutera pareillement les chiffres 4,5,4 du multiplicateur, et retranchant pareillement tous les 9, que produira cette addition, on aura pour reste 4.

On multipliera le reste 5 du multiplicande par le reste 4 du multiplicateur, et du produit 20 on retranchera les 9 qu'il peut renfermer; il restera 2.

Si le produit est exact, il faut qu'ajoutant de même tous les chiffres 2, 9, 7, 3, 6, o, 9, 2 de ce produit, et retranchant tous les 9, il ne reste aussi que 2; ce qui a lieu en effet.

Cette règle est fondée sur ce principe que pour avoir le reste de la soustraction de tous les 9, qu'un nombre peut renfermer, il n'y a qu'à chercher le reste que ces chiffres, ajoutés comme des unités simples, donneraient après la suppression des 9.

En effet, si d'un nombre exprimé par un seul chiffre suivi de plusieurs zéros, on retranche tous les 9, le reste sera exprimé par ce seul chiffre. Si de 4000, ou de 500, ou de 60000, vous retranchez tous les 9, le reste sera 4 ou 5 ou 6, etc., ce qui est aisé à voir.

Donc, le reste que donnerait, par la suppression des 9, un nombre tel que 65 498 (qui est la même chose que 60,000, plus 5000, plus 400, plus 90, plus 8), sera le même que celui que donneraient 6, plus 5, plus 4, plus 9, plus 8 ; c'est-à-dire, le même que si l'on ajoutait ces chiffres contenant des unités simples.

En voici maintenant l'application à la preuve de la multiplication.

Puisque 65 498 est composé d'un certain nombre de 9 et d'un reste 5, et que le multiplicateur 454 est composé aussi d'un certain nombre de 9 et d'un reste 4, il ne peut s'en falloir que du produit de 5 par 4 ou 20, que le produit total ne soit divisible par 9, ou, en ôtant les 9, il ne doit s'en falloir que de 2, que le produit total ne soit divisible par 9 : donc, il doit rester au produit la même quantité que dans le produit des deux restes, après la suppression des 9 qu'il renferme.

On pourrait faire aussi cette épreuve de la même manière, par le nombre 3.

A l'égard de la division, elle devient facile à éprouver, après avoir ôté du dividende le reste qui m'a donné la division, on regardera le résultat comme un produit dont le diviseur et le quotient sont les facteurs, et, par conséquent, on y appliquera la preuve par 9, de la même manière qu'on vient de le faire.

A parler exactement, cette vérification n'est pas infaillible, parce que, dans la multiplication, par exemple, si l'on s'était trompé de quelques unités sur quelques chiffres du produit, et qu'en même temps on eût fait une erreur égale, mais en sens contraire, sur quelque autre chiffre du même produit; comme cela ne changerait rien au reste que l'on aurait après la suppression des 9, cette règle ne ferait point apercevoir l'erreur; mais, comme il faut, ainsi qu'on le voit, au moins deux erreurs qui se compensent, ou qui ne diffèrent que d'un certain nombre de fois 9, les cas où cette vérification serait fautive, sont très-rares dans l'usage.

DES FRACTIONS.

28. Les fractions considérées arithmétiquement, sont des nombres par lesquels on exprime les quantités plus petites que l'unité.

Pour se faire une idée nette des fractions, il faut concevoir que la quantité qu'on a prise d'abord pour unité, est elle-même composée d'un certain nombre d'unités plus petites; comme l'on conçoit, par exemple, que la livre est composée de vingt parties ou de vingt unités plus petites qu'on appelle *sous*.

Une ou plusieurs de ces parties forment ce qu'on appelle une *fraction de l'unité*. On donne aussi ce nom aux nombres qui représentent ces parties.

Une fraction peut être exprimée en nombres de deux manières qui sont chacune en usage.

La première manière consiste à représenter, comme les nombres entiers, les parties de l'unité que contient la quantité dont il s'agit; mais alors on donne un nom particulier à ces parties : ainsi, pour marquer 7 parties dont on en conçoit 20 dans la livre, on emploierait le chiffre 7, mais on prononcerait 7 sous, et on écrirait 7^s : cette manière de marquer les parties de l'unité a lieu dans les nombres *complexes* dont nous parlerons par la suite.

Mais, comme il faudrait un signe particulier pour chaque division qu'on pourrait faire de l'unité, on évite cette multiplicité de signes, en marquant une fraction par deux nombres placés l'un au-dessous de l'autre, et séparés par un trait. Ainsi, pour marquer les 7 parties dont il vient d'être question, on écrit $\frac{7}{20}$, c'est-à-dire, qu'en général, on écrit d'abord le nombre qui marque combien la quantité dont il s'agit contient de parties de l'unité, et on écrit au-dessous de ce nombre, celui qui marque combien on conçoit de ces parties dans l'unité.

Et, pour énoncer une fraction, on énonce d'abord le nombre supérieur (qui s'appelle le *numérateur*); ensuite le nombre inférieur (qui s'appelle le *dénominateur*); mais on ajoute au nom de celui-ci la terminaison *ième* : par exemple, pour énoncer $\frac{7}{20}$, on prononcera *sept vingtièmes*; pour énoncer $\frac{4}{5}$, on prononcera *quatre cinquièmes*; et, par cette expression *quatre cinquièmes*, on doit entendre quatre parties, dont il en faudrait 5 pour composer l'unité.

Il faut seulement excepter de la terminaison générale, les fractions dont le dénominateur est 2 ou 3, ou 4, qui se prononcent *moitié* ou *demi*, *tiers*, *quart*. Ainsi, ces fractions $\frac{1}{2}$, $\frac{2}{3}$, $\frac{3}{4}$, se prononceraient un *demi, deux tiers, trois quarts*.

Le numérateur marque donc combien la quantité représentée par la fraction contient de parties de l'unité; et le dénominateur fait connaître de quelle valeur sont ces parties, en marquant combien il en faut pour composer l'unité. On lui donne le nom de dénomitateur, parce que c'est lui en effet qui donne le nom à la fraction, et qui fait que dans ces deux fractions, par exemple, $\frac{3}{5}$ et $\frac{2}{7}$, les parties de la première s'appellent des *cinquièmes*, et les paries de la seconde des *septièmes*.

Le numérateur et le dénominateur s'appellent aussi d'un nom commun, les *deux termes de la fraction*.

Des Entiers considérés sous la forme de Fraction.

29. Les opérations qu'on fait sur les fractions conduisent souvent à des résultats fractionnaires dont le numérateur est plus grand que le dénominateur ; par exemple, à des résultats tels que, $\frac{8}{8}$, $\frac{27}{5}$, etc.

Ces sortes d'expressions ne sont pas des fractions proprement dites, mais ce sont des nombres entiers joints à des fractions.

30. pour extraire les entiers qui s'y trouvent renfermés, il faut diviser le numérateur par le dénominateur. Le quotient marquera les entiers, et le reste de la division sera le numérateur de la fraction qui accompagne ces entiers. Ainsi $\frac{27}{5}$ donneront 5 $\frac{2}{5}$, c'est-à-dire, cinq entiers et deux cinquièmes.

En effet, dans l'expression $\frac{27}{5}$, le dénominateur 5 fait connaître que l'unité est composée de 5 parties; donc autant de fois il y aura 5 dans 27, autant il y aura d'unités entières dans la valeur de la fraction $\frac{27}{5}$.

5

31. Les multiplications et les divisions des nombres entiers joints aux fractions, exigent, du moins pour la facilité, qu'on convertisse ces entiers en fractions.

On fait cette conversion en multipliant le nombre entier par le dénominateur de la fraction en laquelle on veut réduire cet entier. Par ex., si l'on veut convertir 8 entiers en cinquièmes, on multipliera 8 par 5, et on aura $\frac{40}{5}$. En effet, lorsqu'on veut convertir 8 en cinquièmes, on regarde l'unité comme composée de 5 parties; les 8 unités en contiendront donc 40; pareillement $7\frac{4}{9}$, convertis en neuvièmes seront $\frac{67}{9}$.

Des changemens qu'on peut faire subir aux deux termes d'une Fraction, sans changer sa valeur.

52. Il est visible que, plus on concevra de parties dans l'unité, plus il faudra de ces parties pour composer une même quantité.

Donc, on peut rendre le dénominateur d'une fraction, double, triple, quadruple, etc., sans rien changer à la valeur de la fraction, pourvu qu'en même temps on rende aussi le numérateur double, triple, quadruple, etc.

On peut donc dire, en général, qu'*une fraction ne change point de valeur, quand on multiplie ses deux termes par un même nombre.*

Ainsi, $\frac{3}{4}$ est la même chose que $\frac{6}{8}$; $\frac{1}{2}$ la même chose que $\frac{2}{4}$, que $\frac{5}{10}$, etc.

33. Par un raisonnement semblable, on voit que, moins on supposera de parties dans l'unité, moins il faudra de ces parties pour former une même quantité ; que, par conséquent, on peut, sans changer une fraction, rendre son dénominateur, 2, 3, 4, etc. fois plus petit, pourvu qu'en même temps on rende son numérateur, 2, 3, 4, etc. fois plus petit ; et, en général, *une fraction ne change point de valeur, quand on divise ses deux termes par un même nombre.*

Pour voir distinctement la vérité de ces deux propositions, il suffit de se rappeler ce que c'est que le dénominateur, et ce que c'est que le numérateur d'une fraction.

Remarquons donc que multiplier ou diviser les deux termes d'une fraction par un même nombre, n'est point multiplier ou diviser la fraction ; puisque, comme nous venons de le dire, elle ne change point de valeur par ces opérations.

Les deux principes que nous venons de poser sont la base des deux réductions suivantes qui sont d'un très-grand usage.

Réduction des fractions à un même dénominateur.

34. 1° Pour réduire deux fractions à un même dénominateur, multipliez les deux termes de la première, chacun par le dénominateur de la seconde, et les deux termes de la seconde, chacun par le dénominateur de la première.

Par exemple, pour réduire à un même dénominateur les deux fractions $\frac{2}{3}$, $\frac{3}{4}$, je multiplie 2 et 3 qui sont les deux termes de la première fraction, chacun par 4, dénominateur de la seconde, et j'ai $\frac{8}{12}$, qui est de même valeur que $\frac{2}{3}$.

Je multiplie de même les deux termes 3 et 4 de la seconde fraction, chacun par 3, dénominateur de la première, et j'ai $\frac{9}{12}$, qui est de même valeur que $\frac{3}{4}$; en sorte que les fractions $\frac{2}{3}$ et $\frac{3}{4}$ sont changées en $\frac{8}{12}$ et $\frac{9}{12}$, qui sont respectivement de même valeur que celles-là, et qui ont le même dénominateur entre elles.

Il est aisé de voir que, par cette méthode, le dénominateur sera toujours le même pour chacune des deux nouvelles fractions, puisque, dans chaque opération, le nouveau dénominateur est formé de la multiplication des deux dénominateurs primitifs.

35. 2° Si l'on a plus de deux fractions, on

les réduira toutes au même dénominateur, en multipliant les deux termes de chacune par le produit résultant de la multiplication des dénominateurs des autres fractions.

Par exemple, pour réduire à un même dénominateur les quatre fractions $\frac{2}{3}, \frac{3}{4}, \frac{4}{5}, \frac{5}{7}$, je multiplierai les deux termes 2 et 3 de la première, par le produit des trois dénominateurs 4, 5, 7, des autres fractions, produit que je trouve en disant : 4 fois 5 font 20, puis : 7 fois 20 font 140; je multiplie donc 2 et 3, chacun par 140, et j'ai $\frac{280}{420}$ qui est de même valeur que $\frac{2}{3}$. (32)

Je multiplie pareillement les deux termes 3 et 4 de la seconde fraction, par le produit de 3, 5, 7, produit que je forme en disant : 3 fois 5 font 15, puis : 7 fois 15 font 105; je multiplie donc 3 et 4, chacun par 105, ce qui me donne $\frac{315}{420}$, fraction de même valeur que $\frac{3}{4}$.

Passant à la troisième fraction, je multiplie ses deux termes 4 et 5, chacun par 84, produit des trois dénominateurs 3, 4 et 7; et j'ai $\frac{336}{420}$, au lieu de $\frac{4}{5}$.

Enfin, pour la quatrième, je multiplierai 5 et 7, chacun par le produit 60 des dénominateurs 3, 4, 5, des trois premières fractions; et j'aurai $\frac{300}{420}$, au lieu de $\frac{5}{7}$; en sorte que les quatre fractions $\frac{2}{3}$, $\frac{3}{4}$, $\frac{4}{5}$, $\frac{5}{7}$, sont changées en $\frac{280}{420}$, $\frac{315}{420}$, $\frac{336}{420}$, $\frac{300}{420}$, moins simples, à la vérité, que celles-là, mais de même valeur qu'elles, et plus susceptibles, par leur dénominateur commun, des opérations de l'addition et de la soustraction.

Remarquons que le dénominateur de chaque nouvelle fraction étant formé du produit de tous les dénominateurs primitifs, ce nouveau dénominateur ne peut manquer d'être le même pour chaque fraction.

Réduction des Fractions à leur plus simple expression.

36. Une fraction est d'autant plus simple, que ses deux termes sont de plus petits nombres. Il est souvent possible d'amener une fraction proposée à être exprimée par de moindres nombres, et cela, lorsque son numérateur et son dénominateur peuvent être divisés par un même nombre; comme cette opération n'en change point la valeur (32); c'est une simplification qu'on ne doit point négliger.

Voici le procédé qu'il faudra suivre :

On divisera le numérateur et le dénominateur chacun par 2, et on répètera cette division tant qu'elle pourra se faire exactement.

On divisera ensuite les deux termes par 3, et on continuera de diviser l'un et l'autre par 3, tant que cela pourra se faire.

On fera la même chose successivement avec les nombres 5, 7, 11, 13, 17, etc., c'est-à-dire avec les nombres qui n'ont aucun diviseur qu'eux-mêmes ou l'unité, et qu'on appelle *nombres premiers*.

Ainsi, la seule difficulté qu'il y a, est de savoir quand est-ce qu'on pourra diviser par 2, 3, 5, etc.

On pourra, dans cette recherche, s'aider des principes suivans :

Tout nombre qui finit par un chiffre pair, est divisible par 2.

Tout nombre dont la somme des chiffres ajoutés ensemble, comme s'ils étaient des unités simples, fera 3, ou un *multiple* de 3, c'est-à-dire un nombre exact de fois 3, sera divisible par 3.

Par exemple 54231 est divisible par 3, parce que ses chiffres 5, 4, 2, 3, 1, font 15, qui est 5 fois 3.

La même chose a lieu pour le nombre 9, si les chiffres ajoutés ensemble font 9, ou un multiple de 9.

Cette propriété du nombre 3 se démontre comme celle du nombre 9, à très-peu de chose près, et l'un et l'autre se démontrent comme on l'a fait à la preuve de 9.

Tout nombre terminé par un 5, ou par un zéro, est divisible par 5.

A l'égard du nombre 7 et des suivans, quoiqu'il soit facile de trouver de pareilles règles, comme l'examen qu'elles supposent est aussi long que la division, il faudra essayer la division.

Proposons-nous, par exemple, de réduire la fraction $\frac{2016}{5796}$.
Je divise les deux termes par 2, parce que les deux derniers chiffres de chacun sont pairs, et j'ai $\frac{1008}{2898}$. Je divise encore par 2, et j'ai $\frac{504}{1449}$. Ce qui a été dit ci-dessus m'apprend que je puis diviser par 3 ; je divise en effet, et j'ai $\frac{168}{483}$, je divise encore par 3, ce qui me donne $\frac{56}{161}$, enfin j'essaie de diviser par 7, la division réussit, et me donne $\frac{8}{23}$.

La raison pour laquelle nous prescrivons de ne tenter la division que par les nombres premiers 2, 3, 5, 7, etc., c'est qu'après avoir épuisé la division par 2, par exemple, il est inutile de tenter de diviser par 4, puisque, si celle-ci pouvait réussir, à plus forte raison la division par 2 aurait-elle pu encore se faire.

37. De tous les moyens qu'on peut employer pour réduire une fraction à une expression plus simple, le plus direct est celui de diviser les deux termes par le plus grand diviseur commun qu'ils puissent avoir : voici la règle pour trouver ce plus grand diviseur commun.

Divisez le plus grand des deux termes par le plus petit ; s'il n'y a point de reste, c'est le plus petit terme qui est le plus grand diviseur commun.

S'il y a un reste, divisez le plus petit terme par ce reste, et, si la division se fait exactement, c'est ce premier reste qui est le plus grand diviseur commun.

Si cette seconde division donne un reste, divisez le premier reste par le second, et continuez toujours de diviser le reste précédent par le dernier reste, jusqu'à ce que vous arriviez à une division exacte. Alors, le dernier diviseur que vous aurez employé sera le plus grand diviseur des deux termes de la fraction.

Si le dernier diviseur se trouve être l'unité, c'est une preuve que la fraction ne peut être réduite.

Prenons, pour exemple, la fraction $\frac{3760}{9024}$.

Je divise 9024 par 3760, j'ai pour quotient 2 ; et pour reste 1504.

Je divise 3760 par 1504; j'ai pour quotient 2, et pour reste 752.

Je divise le premier reste 1504 par le second reste 752; la division réussit, et j'en conclus que 752 peut diviser les deux termes de la fraction $\frac{3760}{9024}$, et la réduire à sa plus simple expression qu'on trouve, en faisant l'opération, être $\frac{5}{12}$.

En effet, on a trouvé que 752 divise 1504 ; il doit donc diviser 3760 qu'on a vu être composé de deux fois 1504 et de 752 : on voit de même qu'il doit diviser 9024, puisque 9024 est composé de deux fois 3760, et de 1504.

On voit de plus que 752 est le plus grand diviseur commun que puissent avoir 3760 et 9024; car il ne peut y avoir de diviseur commun entre 9024 et 3760, qui ne le soit en même temps de 3760 et de 1504 ; et entre ces deux-ci, il ne peut y en avoir un qui ne soit en même temps diviseur commun de 1504 et de 752 ; mais il est évident qu'entre ces deux-ci il ne peut y avoir de diviseur commun plus grand que 752; donc, etc.

Différentes manières dont on peut envisager une fraction, et conséquences qu'on peut en tirer.

38. L'idée que nous avons donnée jusqu'ici

d'une fraction, est que le dénominateur représente de combien de parties l'unité est composée ; et le numérateur, combien il y a de ces parties dans la quantité que la fraction exprime.

On peut encore envisager une fraction sous un autre point de vue : on peut considérer le numérateur comme représentant une certaine quantité qui doit être divisée en autant de parties qu'il y a d'unités dans le dénominateur. Par exemple : dans $\frac{4}{5}$, on peut considérer 4 comme représentant 4 choses quelconques, 4 fr., par exemple, qu'il s'agit de partager en cinq parties; car il est évident que c'est la même chose de partager 4 fr. en cinq parties pour prendre une de ces parties, ou de partager 1 fr. en cinq parties pour prendre 4 de ces parties.

On peut donc considérer le numérateur d'une fraction comme un dividende, et le dénominateur comme un diviseur. On voit par là ce que signifient les restes de divisions mis sous la forme que nous leur avons donnée (24).

Il suit de là, 1° qu'un entier peut toujours être mis sous la forme d'une fraction, en faisant de cet entier le numérateur, et lui donnant l'unité pour dénominateur ; ainsi 8 ou $\frac{8}{1}$ sont la même chose ; 5 ou $\frac{5}{1}$ sont la même chose.

2° Que pour convertir une fraction quelconque en décimales, il n'y a qu'à considérer le numérateur comme un reste de division où le dénominateur était diviseur, et opérer, par conséquent, comme il a été dit, en observant de mettre d'abord un zéro au quotient pour tenir la place des unités; c'est ainsi qu'on trouvera que $\frac{3}{5}$ valent en décimales 0,6 ; que $\frac{5}{9}$ valent 0,555, etc. : que $\frac{1}{25}$ vaut 0,04 ; et ainsi de suite.

C'est ainsi qu'on peut réduire en décimales tout nombre complexe proposé. Par exemple, s'il s'agit de réduire $3^t\ 5^P\ 8^P\ 7^l$ en décimales de la toise, de manière à ne pas négliger une demi-ligne, j'observe que la toise contient 864 lignes, et par conséquent, 1728 demi-lignes ; il faut donc, pour ne pas négliger les demi-lignes, porter l'exactitude au-delà des millièmes, c'est-à dire, jusqu'aux dix millièmes.

Cela posé, je réduis en lignes les $5^P\ 8^P\ 7^l$, et j'ai 823 lignes ou $\frac{823}{864}$ de la toise; réduisant cette fraction en décimales, comme il vient d'être dit, on a 0,9525, et par conséquent, 5^T, 9525 pour le nombre proposé.

Des opérations de l'Arithmétique sur les Fractions.

39. On fait, sur les fractions, les mêmes opérations que sur les nombres entiers. Les

deux premières opérations, l'addition et la soustraction, exigent le plus souvent une opération préparatoire ; les deux autres n'en exigent point.

De l'addition des Fractions.

Si les fractions ont le même dénominateur, on ajoutera tous les numérateurs, et l'on donnera à la somme le dénominateur commun de ces fractions.

Ainsi, pour ajouter $\frac{2}{7}$, $\frac{3}{7}$, $\frac{5}{7}$, j'ajoute les numérateurs, 2, 3, 5, et j'ai par conséquent $\frac{10}{7}$ que je réduis à $1\frac{3}{7}$.

41. Si les fractions n'ont pas le même dénominateur, on commencera par les y réduire comme il a été enseigné (34), après quoi, on ajoutera ces nouvelles fractions de la manière qui vient d'être prescrite. Ainsi, si l'on propose d'ajouter $\frac{3}{4}$, $\frac{2}{3}$, $\frac{4}{5}$, je change ces trois fractions en trois autres $\frac{45}{60}$, $\frac{40}{60}$, $\frac{48}{60}$, dont la somme est $\frac{133}{60}$ qui se réduit à $2\frac{13}{60}$.

De la Soustraction des fractions.

42. Si les deux fractions proposées ont le même dénominateur, on retranchera le numérateur de l'une du numérateur de l'autre, et on donnera au reste le dénominateur commun de ces deux fractions.

S'il est question de retrancher $\frac{5}{9}$ de $\frac{8}{9}$, le reste sera $\frac{3}{9}$ qui se réduit à $\frac{1}{3}$.

Si de $9\frac{5}{8}$ on voulait retrancher $4\frac{7}{8}$; comme on ne peut ôter $\frac{7}{8}$, de $\frac{5}{8}$, on emprunterait sur 9 une unité, laquelle réduite en huitièmes et ajoutée à $\frac{5}{8}$, ferait $\frac{13}{8}$, desquels ôtant $\frac{7}{8}$, il resterait $\frac{6}{8}$; ôtant ensuite 4 de 8 qui restent après l'emprunt, il en resterait en tout $4\frac{6}{8}$ ou $4\frac{3}{4}$.

Si les fractions n'ont pas le même dénominateur, on les y réduira (34); après quoi, on fera la soustraction comme il vient d'être dit. Ainsi, pour ôter $\frac{2}{3}$ de $\frac{3}{4}$, je change ces fractions en $\frac{8}{12}$ et $\frac{9}{12}$, et retranchant 8 de 9 il me reste $\frac{1}{12}$.

De la multiplication des Fractions.

43. *Pour multiplier une fraction par une fraction, il faut multiplier le numérateur de l'une par le numérateur de l'autre, et le dénominateur par le dénominateur.* Par exemple, pour multiplier $\frac{2}{3}$ par $\frac{4}{5}$, on multipliera 2 par 4, ce qui donnera 8 pour numérateur; multipliant pareillement 3 par 5, on aura 15 pour dénominateur, et par conséquent $\frac{8}{15}$ pour le produit.

Pour sentir la raison de cette règle, il faut se rappeler que multiplier un nombre par un autre, c'est prendre le multiplicande autant de fois que le multiplicateur contient d'unités.

D'ARITHMÉTIQUE. 91

Ainsi multiplier $\frac{2}{3}$ par $\frac{4}{5}$, c'est prendre $\frac{4}{5}$ de fois la fraction $\frac{2}{3}$, ou plus exactement, c'est prendre 4 fois le cinquième de $\frac{2}{3}$; or, en multipliant le dénominateur 3 par 5, on change les tiers en quinzièmes, c'est-à-dire, en parties cinq fois plus petites; et en multipliant le numérateur 2 par 4, on prend ces nouvelles parties quatre fois; on prend donc quatre fois la cinquième partie de $\frac{2}{3}$; on multiplie donc en effet $\frac{2}{3}$ par $\frac{4}{5}$.

44. Si l'on avait un entier à multiplier par une fraction, ou une fraction à multiplier par un entier, on mettrait l'entier sous la forme de fraction, en lui donnant l'unité pour dénominateur; par exemple, si j'ai 9 à multiplier par $\frac{4}{7}$, cela se réduit à multiplier $\frac{9}{1}$ par $\frac{4}{7}$; ce qui, selon la règle qu'on vient de donner, produit $\frac{36}{7}$ qui se réduisent à $5\frac{1}{7}$.

On voit donc que, pour multiplier une fraction par un entier, ou un entier par une fraction, l'opération se réduit à multiplier le numérateur de cette fraction par l'entier.

45. S'il y avait des entiers joints aux fractions, il faudrait, avant de faire la multiplication, réduire ces entiers chacun en fraction de même espèce que celle qui l'accompagne. Par exemple, si l'on a $12\frac{3}{5}$ à multiplier par $9\frac{3}{4}$, je change le multiplicande en $\frac{63}{5}$ et le multipli-

cateur en $\frac{39}{7}$, et je multiplie $\frac{63}{5}$ par $\frac{39}{7}$, selon la règle ci-dessus, ce qui me donne $\frac{2457}{20}$ qui valent $122\frac{17}{20}$.

Suivant une méthode plus sévère, on démontre la théorie de la multiplication des fractions comme il suit :

Qu'il soit proposé de multiplier $\frac{2}{3}$ par $\frac{3}{4}$, je supprime par la pensée le dénominateur 4 du multiplicateur, de sorte que j'opère comme si j'avais $\frac{2}{3}$ à multiplier par 3 ; le produit serait $\frac{6}{3}$, lequel est évidemment 4 fois trop fort, car le multiplicateur $\frac{3}{4}$ est 4 fois plus petit que 3 entiers, donc il faut rendre le produit $\frac{6}{3}$ 4 fois moindre, résultat que l'on obtient en multipliant le dénominateur 3 par 4, ou si cela est possible, en divisant le numérateur 6 par ce même nombre 4.

Division des Fractions.

46. *Pour diviser une fraction par une fraction, il faut renverser les deux termes de la fraction qui sert de diviseur, et multiplier la fraction dividende par cette fraction ainsi renversée.*

Par exemple, pour diviser $\frac{4}{5}$ par $\frac{2}{3}$, je renverse la fraction $\frac{2}{3}$, ce qui me donne $\frac{3}{2}$; je multiplie $\frac{4}{5}$ par $\frac{3}{2}$ selon la règle donnée, et j'ai $\frac{12}{10}$ pour le quotient de $\frac{4}{5}$ divisé par $\frac{2}{3}$.

Pour apercevoir la raison de cette règle, il faut observer que diviser $\frac{4}{5}$ par $\frac{2}{3}$, c'est chercher combien de fois $\frac{4}{5}$ contiennent $\frac{2}{3}$. Or, il est facile de voir que, puisque le diviseur est 2 tiers, il sera soutenu dans le dividende trois fois autant que s'il était 2 entiers ; donc il faut diviser d'abord par 2, et multiplier ensuite par 3, ce qui n'est autre chose que prendre trois fois la moitié du dividende, ou le multiplier par $\frac{3}{2}$, qui est la fraction du diviseur renversée.

47. Si l'on avait une fraction à diviser par un entier, ou un entier à diviser par une fraction, on commencerait par mettre l'entier sous la forme de fraction, en lui donnant l'unité pour dénominateur : par exemple, si l'on a 12 à diviser par $\frac{5}{7}$, on réduira l'opération à diviser $\frac{12}{1}$, par $\frac{5}{7}$, ce qui, selon la règle qu'on vient de donner, se réduit à multiplier $\frac{12}{1}$ par $\frac{7}{5}$, et donne $\frac{84}{5}$ ou $16\frac{4}{5}$. Pareillement, si l'on avait $\frac{3}{4}$ à diviser par 5, on réduirait l'opération à diviser $\frac{3}{4}$ par $\frac{5}{1}$, c'est-à-dire, à multiplier $\frac{3}{4}$ par $\frac{1}{5}$, ce qui donne $\frac{3}{20}$.

On voit donc que, lorsqu'on a une fraction à diviser par un entier, l'opération se réduirait à multiplier le dénominateur par cet entier.

48. S'il y avait des entiers joints aux fractions, on réduirait ces entiers chacun en fractions de même espèce que celle qui l'accompagne. Par exemple, si l'on avait $54\frac{3}{5}$ à diviser par $12\frac{2}{3}$, on changerait le dividende en $\frac{273}{5}$, et le diviseur en $\frac{38}{3}$, et l'opération serait réduite à diviser $\frac{273}{5}$ par $\frac{38}{3}$, c'est-à-dire, à multiplier $\frac{273}{5}$ par $\frac{3}{38}$, ce qui donnerait $\frac{819}{190}$, ou $4\frac{59}{990}$.

AUTRE MÉTHODE.

Soit demandé de diviser la fraction $\frac{3}{5}$ par 4, avant d'opérer, je raisonne ainsi : diviser par un nombre entier, c'est rendre le dividende autant de fois plus petit qu'il y a d'unités dans le diviseur ; donc, pour diviser $\frac{3}{5}$ par 4, il faut prendre le $\frac{1}{4}$ de son numérateur. Comme cela ne se peut pas, sans reste, on obtient le même résultat en rendant son dénominateur 4 fois plus grand, en le multipliant par 4 ; ce qui est toujours possible.

Autre Exemple.

Soit demandé de diviser $\frac{3}{4}$ par $\frac{2}{3}$, j'efface par la pensée le dénominateur 3 du diviseur, et j'opère comme si j'avais $\frac{3}{4}$ à diviser par 2. Ce cas est le même que le précédent. J'ai donc pour résultat $\frac{3}{8}$, quotient évidemment 3 fois trop faible ; puisque le diviseur exprime des tiers et non des entiers ; il faut donc rendre le quotient $\frac{3}{8}$ 3 fois plus grand, soit en divisant, quand cela se peut, son dénominateur par 3, ou bien, ce qui est toujours possible, en multipliant son numérateur par ce dernier nombre, il vient $\frac{9}{8} = 1\frac{1}{8}$.

Diviser un entier par une fraction, soit 9 à diviser par $\frac{4}{5}$ ayant disposé les quantités comme il suit :

$$9 \,\big|\, \tfrac{4}{5}$$

Je supprime le dénominateur 5 du diviseur ; ce qui rend ce dernier 5 fois plus grand, et pour que le rapport qui doit exister entre le diviseur et le dividende ne change pas, je multiplie ce dernier par 5, et 45 à diviser par 4.

Quelques applications des règles précédentes.

49. Après ce que nous avons dit, il est aisé de voir comment on peut évaluer une fraction. Qu'on demande, par exemple, ce que valent les $\frac{5}{7}$ d'une livre? Puisque les $\frac{5}{7}$ d'une livre sont la même chose que le septième de 5 livres, je réduis les 5 livres en sous, et je divise les 100 sous qu'elle me donnent, par 7, ce qui me

donne 14 sous pour quotient, et 2 sous de reste ; je réduis ces 2 sous en deniers, et je divise 24 deniers par 7 ; j'ai 5 deniers $\frac{3}{7}$. Ainsi les $\frac{5}{7}$ d'une livre sont 14 sous 3 deniers et $\frac{3}{7}$ de denier.

Si l'on demandait les $\frac{5}{7}$ de 24 francs, il est visible qu'on pourrait d'abord prendre, comme nous venons de le faire, les $\frac{5}{7}$ d'un franc, et multiplier ensuite par 24 ce qu'aurait donné cette opération, mais il est plus commode de multiplier d'abord $\frac{5}{7}$ par 24 francs, ce qui donne $\frac{120}{7}$ francs, et d'évaluer ensuite cette dernière fraction qu'on trouvera valoir 17 fr. 14 sous $\frac{2}{7}$.

50. L'évaluation des fractions nous conduit naturellement à parler des *fractions de fractions*. On appelle ainsi une suite de fractions séparées les unes des autres par l'article *de*. Par exemple $\frac{2}{3}$ *de* $\frac{5}{4}$; $\frac{2}{3}$ *de* $\frac{3}{4}$ *de* $\frac{5}{6}$, etc., sont des fractions de fractions. On les réduit à une seule fraction en multipliant tous les numérateurs entre eux, et tous les dénominateurs entre eux ; en sorte que la fraction $\frac{2}{3}$ *de* $\frac{5}{4}$ se réduit à $\frac{6}{12}$ ou $\frac{1}{2}$; la fraction $\frac{2}{3}$ *de* $\frac{5}{4}$ *de* $\frac{5}{6}$ se réduit à $\frac{50}{72}$ ou $\frac{5}{12}$.

En effet, il est facile de voir que prendre les $\frac{2}{3}$ *de* $\frac{3}{4}$ n'est autre chose que multiplier $\frac{3}{4}$ par

$\frac{2}{3}$ puisque c'est prendre $\frac{2}{3}$ de fois la fraction $\frac{3}{4}$. Pareillement, prendre les $\frac{2}{3}$ *des* $\frac{3}{4}$ *de* $\frac{5}{6}$, revient à prendre les $\frac{6}{12}$ *de* $\frac{5}{6}$, puisque $\frac{2}{3}$ *de* $\frac{3}{4}$ reviennent à $\frac{6}{12}$, et ce qu'on vient de dire fait connaître que les $\frac{6}{12}$ *de* $\frac{5}{6}$ reviennent à $\frac{30}{72}$ ou $\frac{5}{12}$.

Si l'on demandait les $\frac{3}{4}$ *de* $5\frac{3}{8}$, on convertirait l'entier 5 en huitièmes, et la question serait réduite à évaluer la fraction de fraction $\frac{3}{4}$ *de* $\frac{43}{8}$, qu'on trouverait être $\frac{129}{32}$ ou $4\frac{1}{32}$.

54. Lorsqu'une fraction exprimée par des nombres un peu considérables, n'est pas réductible par la méthode donnée (37), et qu'on peut se contenter d'en avoir une valeur approchée, on peut y parvenir par la méthode suivante, qui donne alternativement des fractions plus grandes et plus petites que la proposée, mais toujours de plus en plus approchées ; en sorte qu'à la dernière opération, on retombe sur la fraction proposée. Prenons, par ex., la fraction $\frac{100000}{314159}$, qui exprime le rapport très-approché du diamètre à la circonférence ; et proposons-nous d'exprimer cette fraction par d'autres fractions, moins exactes à la vérité, mais exprimées par des nombres plus simples.

Divisez le numérateur et le dénominateur par le numérateur ; vous aurez $\dfrac{1}{3\frac{14159}{100000}}$. Pour avoir une 1re valeur approchée, négligez la fraction qui accompagne 3 et vous aurez $\frac{1}{3}$ pour première valeur approchée, mais un peu trop forte.

Pour avoir une valeur plus approchée, divisez le numérateur et le dénominateur de la fraction qui accompagne 3, chacun par le numérateur de cette fraction, et vous aurez $\cfrac{1}{3+\cfrac{1}{7+\cfrac{887}{1439}}}$; négligez la fraction qui accompagne 7, et vous aurez $\cfrac{1}{3+\cfrac{1}{7}}$, ou $\cfrac{1}{\frac{22}{7}}$, ou $\frac{7}{22}$ pour seconde valeur, qui est plus approchée que la 1re, mais un peu trop faible.

Pour avoir une valeur encore plus approchée, divisez le numérateur et le dénominateur de la fraction qui accompagne 7, chacun par le numérateur de cette fraction, vous aurez $\cfrac{1}{3+\cfrac{1}{7+\cfrac{1}{15+\cfrac{854}{887}}}}$;

supprimez la fraction qui accompagne 15 et vous aurez $\cfrac{1}{3+\cfrac{1}{7+\cfrac{1}{15}}}$ qui revient à $\frac{106}{319}$, valeur plus approchée, mais un peu trop forte.

Pour avoir une valeur encore plus approchée, divisez les deux termes de la fraction qui accompagnent 15, chacun par le numérateur 854, et vous aurez $\cfrac{1}{3+\cfrac{1}{7+\cfrac{1}{15+\cfrac{1}{1+\frac{33}{864}}}}}$, négligeant la fraction

$\frac{55}{854}$, vous aurez pour valeur plus approchée $\frac{113}{3557}$, mais qui est un peu trop faible. On voit à présent comment on peut continuer.

Voir les Tables des Poids et Mesures qui sont en tête de l'ouvrage.

DES NOMBRES COMPLEXES.

52. Quoique les règles que nous avons exposées jusqu'ici puissent servir aussi à calculer les nombres complèxes, nous croyons cependant devoir considérer ceux-ci d'une manière plus particulière, parce que la division qu'on y fait de l'unité principale, en facilite souvent le calcul.

Il y a plusieurs sortes de nombres complèxes, et les règles pour les calculer tiennent beaucoup à la division qu'on a faite de l'unité ; cependant, il n'est pas nécessaire d'examiner toutes ces espèces, pour être en état de les calculer ; mais il importe de savoir quels rapports les différentes parties ont tant entre elles, qu'à l'égard de l'unité principale. (Table des unités, page 5).

Addition des Nombres complèxes.

53. Pour faire cette opération, on écrit tous les nombres proposés, les uns au-dessous des

autres, de manière que toutes les parties d'une même espèce se trouvent chacune dans une même colonne verticale; et, après avoir souligné le tout, on commence l'addition par les parties de l'espèce la plus petite; si leur somme ne compose pas une unité de l'espèce immédiatement supérieure, on l'écrit sous les unités de son espèce; si elle renferme assez de parties pour composer une ou plusieurs unités de l'espèce immédiatement supérieure, on n'écrit au-dessous de cette colonne, que l'excédant d'un nombre juste d'unités de cette seconde espèce, et l'on retient celles-ci pour les ajouter avec leurs semblables, sur lesquelles on procède de la même manière.

Exemple.

On propose d'ajouter.. 54^T 2^P 3^P 9^l
                         15 5 4 11
                         9 4 11 11
                         5 2 9 10
                         ———————————————————————
                         85^T 3^P 6^P 5^l

La somme des lignes monte à 41, qui font 3 pouces 5 lignes, je pose 5 lignes et je retiens les pouces que j'ajoute avec les pouces; le tout me donne 30 qui vaut 2 pieds 6 pouces; je pose les 6 pouces et je retiens les 2 pieds qui, ajoutés avec les pieds, me donnent 13 pieds qui valent 2^T 3^P; je pose les 3^P, et j'ajoute les 2 toises avec les toises, le tout monte à 85, en sorte que la somme est 85^T 3^P 6^P 5^l.

Soustraction des nombres complèxes.

54. Ecrivez les nombres proposés comme dans l'addition, et commencez la soustraction par les unités de l'espèce la plus basse. Si le nombre inférieur peut être retranché, écrivez le reste au-dessous. S'il ne peut être retranché, empruntez sur l'espèce immédiatement supérieure, une unité que vous réduirez à l'espèce dont il s'agit, et que vous ajouterez au nombre dont vous ne pouvez retrancher. Faites la même chose pour chaque espèce, et lorsque vous aurez été obligé d'emprunter, diminuez d'une unité le nombre sur lequel vous avez fait cet emprunt. Enfin, écrivez chaque reste, à mesure que vous le trouverez, au-dessous du nombre qui l'a donné.

Exemple I.

De........	27^T	3^{pi}	4^{pou}
on veut ôter.	11	3	5
Reste......	15^T	4^{pi}	11^{po}

Ne pouvant pas soustraire 5^{po} de 4^{po}, j'emprunte un pied ou 12^{po}, qui ajoutés à 4 font 16^{po}, desquels ôtant 5 il reste 11 ; ne pouvant pas non plus ôter 3^{pi} de 1^{pi} qui reste, j'emprunte une toise ou 6^{pi}, qui ajoutés à 1^{pi} font 7^{pi}, j'en retranche 3 et il reste 4 ; j'ôte enfin 11 de 26^T et il reste 15^T.

Exemple II.

De.........	27^T	0^{pi}	4^{po}
ôter........	11	3	5
Reste.......	15^T	2^{pi}	11^{po}

Comme le nombre supérieur ne contient pas de pieds, j'emprunte une toise, je la décompose en pieds, et j'en laisse par la pensée 5 sur le 0, je convertis celui qui reste en pouces, qui ajoutés à 4^{po} en font 16, d'où retranchant 5, il reste 11^{po} ; après quoi je retranche 3^{pi} de 5, il reste 2 et ainsi de suite.

Multiplication des Nombres complèxes.

55 On peut reduire généralement la multiplication des nombres complèxes, à la multiplication d'une fraction par une fraction, multiplication dont nous avons donné la règle. Par exemple, si l'on demande ce que doivent coûter 54^T 3^{pi} d'ouvrage, à raison de 42 francs 78 cent. la toise, je considère le multiplicande comme représentant $\frac{4278}{100}$ de franc. Je convertis le multiplicateur tout en pieds, en multipliant 54^T par 6, et comme le pied est le $\frac{1}{6}$ de la toise, tout le multiplicateur peut être représenté par la fraction $\frac{327}{6}$ de toise, de sorte que l'opé-

ration se réduit à multiplier la fraction $\frac{4275}{100}$ par $\frac{327}{6}$; il vient $\frac{1398906}{600}$ de franc ou 2331^f 51 centimes.

Cette méthode s'étend à toute espèce de nombres complexes, mais elle exige plus de calcul que celle que nous allons exposer; c'est pourquoi nous ne nous y arrêterons pas davantage.

56. Un nombre qui est contenu exactement dans un autre, est dit partie *aliquote* de celui-ci ; ainsi, 3 est partie aliquote de 12 ; il en est de même de 2 de 4 et de 6.

Rappelons-nous que multiplier n'est autre chose que prendre le multiplicande un certain nombre de fois ; multiplier par $8\frac{3}{4}$, par ex., c'est prendre le multiplicande 8 fois, et le prendre encore $\frac{3}{4}$ de fois, ou en prendre les $\frac{3}{4}$. Or, on peut prendre ces $\frac{3}{4}$, ou en prenant d'abord le quart et l'écrivant 3 fois, ou bien en prenant d'abord la moitié, et ensuite la moitié de cette moitié : ainsi, pour multiplier 84 par $8\frac{3}{4}$,

j'écrirais.......... 84
$\,\,8\,\frac{3}{4}$
—————
$\,672$
$\,42$
$\,21$
—————
735 produit.

En multipliant 84 par 8, j'aurais d'abord 672, ensuite pour prendre les $\frac{3}{4}$ de 84, je prendrais d'abord la moitié qui est 42; puis pour prendre pour le quart restant, je prendrais la moitié de 42, qui est 21; et réunissant ces trois produits particuliers, j'aurais 735 pour le produit total.

57. Pour appliquer ceci aux nombres complèxes, il faut remarquer que les différentes espèces d'unités au-dessous de l'unité principale, sont des fractions les unes à l'égard des autres, et à l'égard de cette unité principale; que par conséquent, pour multiplier facilement par ces sortes de nombres, il faut faire en sorte de les décomposer en parties aliquotes de l'unité principale, de manière que ces parties aliquotes puissent être employées commodément, ou de les décomposer en parties aliquotes les unes des autres; et, si cette décomposition ne fournit que des parties aliquotes qui ne soient pas commodes dans le calcul, on y suppléera par de faux produits; c'est ce que nous allons développer dans les exemples suivans.

Exemple I.

On demande combien doivent coûter 54^T 5^{pi}, à raison de 72 francs la toise ?

$$
\begin{array}{r}
72^f \\
54^T \; 5^{pi} \\
\hline
288 \\
3600 \\
36 \\
\hline
3924 \text{ francs.}
\end{array}
$$

On multipliera d'abord 72 par 54, ensuite pour multiplier par 3^{pi} qui sont la moitié d'une toise et qui par conséquent ne doivent donner que la moitié du prix d'une toise, on prendra la moitié de 72^f et additionnant on aura 3924^f pour produit total.

Exemple II.

Si l'on avait.... 72^f
à multiplier par ... 54^T 5^{pi}

$$
\begin{array}{r}
288^f \\
3600 \\
36 \\
24 \\
\hline
3948
\end{array}
$$

On multipliera d'abord 72 fr. par 54. Ensuite au lieu de multiplier par $\frac{3}{6}$, parce que 3 pieds font les $\frac{3}{6}$ de la toise, on décomposera 5^{pi},

6.

en 3ᵖⁱ et 2ᵖⁱ, dont le premier est la moitié, et le second le tiers de la toise ; on prendra donc d'abord la moitié de 72ᵗᵗ, et ensuite le tiers de 72ᵗᵗ, et l'on aura, en réunissant tous ces produits particuliers, 3948ᵗᵗ, pour produit total.

Exemple III.

Que l'on ait.... 72ᵗᵗ
                  5ᵀ 4ᵖⁱ 8ᵖ

560ᵗᵗ
36
12
4
4
───────
416ᵗᵗ

Après avoir multiplié par 5 toises, on multipliera par 4 pieds ; et, pour cet effet, on décomposera ce nombre en 3 pieds et 1 pied ; pour 3 pieds, on prendra la moitié de 72ᵗᵗ, qui est 36ᵗᵗ ; et, pour 1 pied, on remarquera que c'est le tiers de 3 pieds, et par conséquent, on prendra le tiers de 36ᵗᵗ, qui est de 12ᵗᵗ Ensuite, pour multiplier par 8 pouces, au lieu de comparer ces 8 pouces à la toise, on les comparera au pied, et on les décomposera en 4 pouces et 4 pouces qui sont chacun le tiers du pied, et qui, par conséquent, donneront chacun le tiers de 12#. Enfin, réunissant, on aura 416# pour produit.

58. Si le multiplicande est aussi un nombre complexe, on se conduira comme il va être expliqué dans l'exemple suivant.

Exemple IV.

Si l'on a...	72#	6^s	8^d
à multiplier par	27^T	4^{pi}	8^p
	504#	0^s	0^d
	1440		
	6	15	0
	1	7	0
	0	13	6
	36	5	5
	12	1	1
	4	0	4 $\frac{1}{3}$
	4	0	4 $\frac{1}{3}$
	2009#	0^s	0^d

On multipliera d'abord 72# par 27. Ensuite, pour multiplier 6 sous par 27, on décomposera ces 6 sous en 5 sous et 1 sou. Les 5 sous faisant le quart de la livre, doivent, étant multipliés par 27, donner 27 fois le quart de la livre, ou le quart de 27 liv.; on prendra donc le quart de 27 liv., qui est 6 liv. 15 sous. Pour multiplier 1 sou par 27, on remarquera qu'un sou est la cinquième partie de 5 qu'on vient de multiplier ; ainsi, on prendra le cinquième des 6 liv, 15 sous, qui sera 1 liv, 7 sous.

A l'égard des 6 deniers, on fera attention qu'ils sont la moitié d'un sou, et par conséquent, on prendra la moitié de 1 liv. 7 sous, qu'on a eu pour 1 sou.

Jusques-là, tout le multiplicande est multiplié par 27.

Pour multiplier par 4 pieds, on s'y prendra de la même manière que dans l'exemple précédent ; c'est-à-dire que, pour les 4 pieds, on prendra d'abord pour 3 pieds la moitié de 36 liv. 3 sous 6 den. du multiplicande ; et pour 1 pied, le tiers de ce que donnent les 3 pieds.

Enfin, pour 8 pieds, on prendra 2 fois pour 4, c'est-à-dire, qu'on écrira 2 fois le tiers de ce qu'on vient d'avoir pour 1 pied : en réunissant toutes ces différentes parties, on aura 2009 liv. 0 s. 6 d. $\frac{2}{3}$ pour produit total.

59. Jusqu'ici, les parties du multiplicande qu'il a fallu prendre, ont été assez faciles à évaluer ; mais, dans le cas où ces parties seraient plus composées, on se conduirait comme dans l'exemple suivant.

Exemple V.

A raison de....... 34[#] 10^s 2^d la toise, combien doivent coûter 17^T ?

$$\begin{array}{rrr} 238^{\#} & 0^s & 0^d \\ 540 & & \\ 8 & 10 & \\ \cancel{0} & \cancel{17} & \\ 0 & 2 & 10 \\ \hline 586^{\#} & 12^s & 10^d \end{array}$$

Après avoir multiplié 34 liv. par 17, et ensuite les 10 sous par 17, en prenant la moitié de 17, on multipliera 2 deniers qui sont la sixième partie d'un sou, et par conséquent, la sixième partie de la dixième partie, ou la 60° partie de 10 s.; mais, au lieu de prendre la 60° partie de 8 liv. 10 s., il sera plus commode de faire un faux produit, et de prendre d'abord le sixième de ce qu'ont donné 10 sous, c'est-à-dire, le dixième de 8 liv. 10 s.; ce dixième qui est 0 liv. 17 sous, est pour 1 sou; mais comme il ne faut que pour le sixième d'un sou, on barrera ce faux produit, et on écrira le sixième au-dessous.

Exemple VI.

Combien, pour 34 liv. 10 sous 2 deniers,

110   MANUEL

fera-t-on faire d'ouvrage à raison de 1 liv. pour 17 toises ?

Il faut multiplier 17 toises par 34 liv. 10 s. 2 den., c'est-à-dire, prendre 17 toises autant de fois que la livre est contenue dans 34 liv. 10 sous 2 deniers.

Opération.

17^T
34^{l} 10^{s} 2^{d}

68^T	0^P	0^P	0^l	0^{Pts}	
510					
8	3				
0	5	4	2	4	$\frac{4}{5}$
0	0	10	2	4	$\frac{4}{5}$
586^T	3^P	10^P	2^l	4^{Pts}	$\frac{4}{5}$

Ainsi, on multipliera d'abord 17 toises par 34; ensuite, pour multiplier 17 toises par 10 sous, on prendra la moitié de 17 toises, parce que 10 sous sont la moitié de la livre, et l'on aura 8 toises 3 pieds. Pour multiplier par 2 deniers, on cherchera, pour plus de facilité, ce que donnerait 1 sou, en prenant le dixième de ce qu'ont donné 10 sous ;

ce dixième est 0 toise, 5 pieds, 1 pouce, 2 lignes, 4 points et $\frac{8}{10}$ ou $\frac{4}{5}$ de point; on le barrera comme ne devant pas faire partie du produit, mais on en prendra le sixième pour avoir le produit de 2 deniers, et on écrira, au-dessous, ce sixième qui est 0 toise, 0 pied, 10 pouces, 2 lignes, 4 points, et $\frac{24}{50}$, ou $\frac{4}{5}$.

Nous avons donné cet exemple, principalement pour confirmer ce que nous avons dit, qu'il importait de distinguer le multiplicande du multiplicateur, lorsqu'ils sont tous les deux concrets. En effet, dans l'exemple précédent, ainsi que dans celui-ci, les facteurs du produit sont également 17 toises, et 34 liv., 10 sous, 2 deniers; cependant, les deux produits sont différens.

Division d'un Nombre complèxe par un Nombre incomplèxe.

60. Si le dividende seul est complèxe, et si, en même temps, le dividende et le diviseur ont des unités de différente espèce, on divisera d'abord les unités principales du dividende, selon la règle ordinaire, ce qui restera de cette division, on le réduira en unités de la seconde espèce, qu'on ajoutera avec celles de même espèce qui se trouveront dans le

dividende, et on divisera le tout comme à l'ordinaire ; on réduira pareillement le reste de cette division en unités de la troisième espèce, auxquelles on ajoutera celles de la même espèce qui se trouveront dans le dividende, et on divisera le tout comme ci-dessus ; on continuera de réduire les restes en unités de l'espèce suivante, tant qu'il s'en trouvera d'inférieures dans le dividende.

EXEMPLE.

On a donné 4783 liv., 3 sous, 9 deniers, pour paiement de 87 toises d'ouvrage ; on demande à combien revient la toise ?

```
4783# 3ſ 9ᴅ   | 87
 433         |―――――――――
  85         | 54# 19ſ 7ᴅ
―――――
1703
 833
  50
―――――
 609ᴅ
 000
```

Il faut diviser 4783 liv. 3 sous, 9 deniers, par 87, en commençant par les livres.

Les 4783 divisés par 87, selon la règle ordinaire, donneront 54 liv. pour quotient, et 85 livres pour reste : ces 85 livres réduites en sous, donneront, avec les 3 sous du dividende, 1703 sous qui, divisés par 87, donheront 19 sous pour quotient, et 50 sous pour reste : ces 50 sous réduits en deniers, donnent, avec les 9 deniers du dividende, 609 deniers, lesquels, divisés par 87, donnent enfin 7 deniers pour quotient.

Mais si le dividende et le diviseur ont des unités de même espèce, il faut, avant de faire la division, examiner si le quotient doit être ou ne pas être de même espèce qu'eux, ce que l'état de la question décide toujours.

Dans le cas où le dividende et le diviseur étant de même espèce, le quotient devra aussi être de même espèce qu'eux, la division se fera précisément comme dans le cas précédent ; par exemple, si l'on proposait cette question : 1243 livres ont produit un bénéfice de 7254 livres, à combien cela revient-il par -livre ? Il est évident que le quotient doit avoir des unités de même espèce que le dividende et le diviseur, c'est-à-dire doit être des livres, et qu'on doit diviser 7254 liv. par 1243, en réduisant, comme dans l'exemple précédent, le reste de cette division en sous, et le second reste en deniers, et on trouvera, pour réponse à la question 5 l. 16 s. 8 d. $\frac{760}{1243}$.

61. Mais, lorsque le dividende et le diviseur étant de même espèce, le quotient devra être d'espèce différente, alors il faudra com-

mencer par réduire le dividende et le diviseur, chacun à la plus petite espèce qui soit dans le dividende ; après quoi, on fera la division, comme dans le cas précédent, et on y traitera les unités du dividende comme si elles étaient de même espèce que celles que doit avoir le quotient; par exemple, si l'on proposait cette question : combien, pour 7954 livres 11 sous 8 den., fera-t-on faire d'ouvrage, à raison de 72 livres la toise ? Il est clair, par la nature de la question, que le quotient doit être des toises et parties de toises. On réduira donc 7954 livres, 11 sous, 8 deniers, tout en deniers, ce qui donnera 1909099; on réduira pareillement 72 liv. en deniers, et on aura 17280 ; on divisera 1909099 considéré comme des toises, par 17280, et on aura pour quotient 110 toises, 2 pieds, 10 pouces, 6 lignes, $\frac{19}{20}$.

Division d'un nombre complexe par un nombre complexe.

62. Lorsque le diviseur est aussi un nombre complexe, il faut le réduire à sa plus petite espèce, et multiplier le dividende par le nombre qui exprime combien il faut de parties de la plus petite espèce du diviseur, pour composer l'unité principale de ce même

D'ARITHMÉTIQUE.

diviseur; alors, la division sera réduite au cas précédent où le diviseur était incomplexe.

Exemple.

57 toises, 5 pieds, 5 pouces d'ouvrage, ont été payés 854 livres 17 sous, 11 den.; on demande à combien revient la toise? Il faut diviser 854 livres, 17 sous, 11 deniers, par 57 toises, 5 pieds, 5 pouces; et pour cet effet, je réduis en pouces les 57 toises, 5 pieds, 5 pouces, ce qui me donne 4169 pour nouveau diviseur, et, comme il faut 72 pouces pour faire la toise qui est l'unité principale du diviseur, je multiplie le dividente proposé 854 livres, 17 sous, 11 den., par 72, ce qui me donne 61552 livres, 10 sous, pour nouveau dividente, en sorte que je divise comme il suit :

```
61552# 10ſ  | 4169
  19862     | 14# 15ſ 5₰  1833/4169
   5186     |
     12     |
  ───────
  63750ſ
  22040
   1195
     20
  ───────
  14540
   1853
```

Les 61552 livres divisées par 4169, donnent

14 livres pour quotient, et 3186 pour reste. Ces 3186 livres réduites en sous, donnent, avec les 10 sous du dividende, 65730 sous qui, divisés par 4169, donnent 15 sous pour quotient, et 1195 sous de reste. Ces 1195 sous réduits en deniers, valent 14340 deniers, lesquels, divisés par 4169, donnent 3 derniers pour quotient, et 1833 derniers pour reste; en sorte que le quotient est 14 liv., 15 s., 3 den., $\frac{1833}{4169}$ de denier.

Pour entendre la raison de cette règle, il faut faire attention que les 57 toises, 5 pieds, 5 pouces valent 4169 pouces, et le pouce étant la soixante-douzième partie de la toise, le diviseur est $\frac{4169}{72}$ de la toise; or, pour diviser par une fraction, il faut renverser la fraction diviseur, et multiplier ensuite par cette fraction ainsi renversée; il faut donc ici multiplier par $\frac{72}{4169}$; ce qui revient à multiplier d'abord par 72, et à diviser ensuite par 4169, ainsi que le prescrit la règle que nous donnons.

Comme la division par un nombre complexe se reduit, ainsi qu'on vient de le voir, à la division par un nombre incomplexe, on doit avoir, à l'égard de la nature des unités, les mêmes attentions que nous avons eues.

Ce serait ici le lieu de parler du toisé ou

de la multiplication et de la division géométriques : ces opérations ne diffèrent en rien, pour le procédé, de celles que nous venons d'exposer ; en sorte qu'il n'y aurait ici d'autre chose à ajouter, que d'expliquer quelle est la nature des unités des facteurs et du produit ; mais cela appartient à la Géométrie. Nous remettrons donc à en parler jusqu'à ce que nous soyons arrivés à la Géométrie.

ARITHMÉTIQUE DÉCIMALE.

63. Cette manière de calculer, qui est aujourd'hui le plus généralement adoptée en France, est basée sur le même principe que le système de numération dont nous avons exposé la théorie, au commencement de cet ouvrage (n°s 2 et 3). En voici la démonstration.

Puisque les chiffres à partir de la droite, expriment des unités de dix en dix fois plus petites, il s'en suit qu'en allant de la gauche vers la droite, on doit rencontrer successivement des chiffres qui désignent des unités de dix en dix fois plus petites, cela n'a pas besoin d'être prouvé.

Soit maintenant le nombre 2345.

A partir de la gauche, on trouve 1° des

unités de mille, 2° des centaines, 3° des dixaines, puis enfin des unités simples.

Supposons qu'après le chiffre des unités simples, il s'en trouve d'autres à sa suite, comme dans l'exemple que voici : 2343 + 825
et admettons, pour éviter toute confusion, qu'on a séparé le chiffre des unités 3 de ceux qui le suivent par le signe +.

Puisque 3 des unités 8 doit représenter des unités dix fois plus petites, ou des *dixièmes*, le chiffre 2 qui vient ensuite, doit représenter des *dixièmes* de *dixième*, ou des *centièmes*, par la même raison, le chiffre 5 doit représenter des *millièmes*, etc.

Ce sont ces unités représentées par les chiffres qui sont à la droite du chiffre des unités simples, que l'on est convenu d'appeler *décimales*, elles se classent, mais dans un ordre inverse, comme les unités qui représentent des entiers, ainsi toute expression numérique qui contient des entiers et des décimales, se compose de deux progressions, dont une croissante, en allant vers la gauche, et l'autre décroissante, en allant vers le droite. Le chiffre qui représente le chiffre des unités, est le point de départ de l'une et l'autre de ces progressions.

Soit l'expression 35421 + 3715

on pourrait la lire ainsi: en allant vers la gauche, *unité*, dixaines, centaines.... en allant vers la droite: *unité*, dixièmes, centièmes.

On est convenu de mettre une *virgule* à la place du signe + dont nous venons de faire momentanément usage.

Quant à la manière d'énoncer les décimales, elle est la même que pour les autres nombres. Après avoir énoncé les chiffres qui sont à la gauche de la virgule, on énonce les décimales de la même manière, mais on ajoute à la fin le nom des unités décimales de la dernière espèce: ainsi, pour énoncer ce nombre, 34,572, on dirait: trente-quatre unités et cinq cent soixante-douze *millièmes;* si c'étaient des toises, par exemple, on dirait: trente-quatre toises et cinq cent soixante-douze *millièmes* de toise.

La raison en est facile à apercevoir, si l'on fait attention que, dans le nombre 34,572, le chiffre 5 peut indifféremment être rendu, ou par cinq *dixièmes*, ou par cinq cent *millièmes*, puisque le *dixième* valant dix *centièmes*, et le *centième* valant dix *millièmes*, le *dixième* contiendra dix fois dix *millièmes*, ou cent *millièmes*; ainsi, les cinq *dixièmes* valent cinq cents *millièmes*. Par une raison semblable, le chiffre 7 pourra s'énoncer en disant soixante-dix *millièmes*, puisque chaque *centième* vaut dix *millièmes*.

A l'égard de l'espèce des unités du dernier chiffre, on la trouvera toujours facilement, en comptant successivement, de gauche à droite, sur chaque chiffre depuis la virgule, les noms suivans : *dixièmes*, *centièmes*, *millièmes*, *dix millièmes*, etc.

Si l'on n'avait pas d'unités entières, mais seulement des parties de l'unité, on mettrait un zéro pour tenir la place des unités ; ainsi, pour marquer cent vingt-cinq *millièmes*, on écrirait 0,125. Si l'on voulait marquer 25 *millièmes*, on écrirait 0,025, en mettant un zéro entre la virgule et les autres chiffres, tant pour marquer qu'il n'y a point de *dixièmes*, que pour donner aux parties suivantes leur véritable valeur. Par la même raison, pour marquer six *dix-millièmes*, on écrirait 0,0006.

Examinons maintenant les changemens qu'on peut faire naître dans un nombre, par le déplacement de la virgule.

Puisque la virgule détermine la place des unités, et que tous les autres chiffres ont des valeurs dépendantes de leurs distances à cette même virgule, si l'on avance la virgule d'une, deux, trois, etc., places sur la gauche, on rend le nombre 10, 100, 1000, etc., fois plus petit; et, au contraire, on le rend 10, 100, 1000, etc. fois plus grand, si l'on recule la virgule d'une, deux, trois, etc., places sur la droite.

En effet, si l'on a 4327,5264, et qu'en avançant la virgule d'une place sur la gauche, on écrive 432,75264, il est visible que les mille du premier nombre sont des centaines dans le nouveau; que les centaines sont des dixaines; les dizaines, des unités; les unités, des dixièmes; les dixièmes, des centièmes; et ainsi de suite. Donc, chaque partie du premier nombre est devenue dix fois plus petite par ce déplacement. Si, au contraire, en reculant la virgule d'une place sur la droite, on eût écrit 43275,264, les mille du premier nombre se trouveraient changés en dixaines de mille, les centaines en mille, les dixaines en centaines, les unités en dixaines, et ainsi de suite. Donc, le nouveau nombre est dix fois plus grand que le premier.

Un raisonnement semblable fait voir, qu'en avançant sur la gauche, de deux ou de trois places, on rendrait le nombre, cent ou mille fois plus petit; et, au contraire, cent ou mille fois plus grand, en reculant la virgule de deux ou trois places sur sa droite.

64. Toute expression décimale peut être considérée comme une fraction ordinaire dont le numérateur est exprimé par les chiffres décimaux, et qui a pour dénominateur 1 (l'unité) suivi d'autant de 0 que le numérateur contient de chiffres, ainsi par exemple :

$$0,3 = \frac{3}{10} ; \ 57 = \frac{57}{100}.$$

Donc, pour lire une fraction décimale il faut lire comme à l'ordinaire les chiffres qui représentent son numérateur et lui donner pour dénominateur 1, suivi d'autant de 0 que le numérateur contient de chiffres, avec la terminaison *ième*, soient les expressions

$$0,23 ; \ 0,029 ; \ 0,0208.$$

Lisez, 23 *centièmes*, 29 *millièmes*, 208 *dix-millièmes*.

D'après ces raisonnemens on comprend facilement pour quoi une expression décimale ne change pas de valeur, soit qu'on écrive un certain nombre de 0 à sa droite, soit qu'on retranche ceux qui peuvent s'y trouver déjà, en effet, 0,23 étant la même chose que $\frac{23}{100}$, cette fraction deviendra $\frac{230}{1000}$ ou $\frac{2300}{10000}$.... un, deux 0 à sa suite et sa valeur ne changera pas, par la raison que ses deux termes auront été multipliés par *dix*, *cent*.... (34).

Addition des unités décimales.

Comme les décimales sont classées suivant

le même système que les unités entières, les opérations que l'on peut faire sur elles sont absolument basées sur les règles que l'on suit dans l'addition, soustraction, etc. des nombres entiers.

Exemple d'addition :

$$\begin{array}{r} 0,27 \\ 0,09 \\ \hline 0,36 \end{array}$$

Les deux nombres à ajouter ensemble étant des centièmes, la somme doit aussi exprimer des centièmes.

Autre exemple :

$$\begin{array}{r} 27,027 \\ 6,81 \\ \hline 33,837 \end{array}$$

Comme il y a des millièmes dans le nombre 27,027, la somme doit en contenir aussi.

Règle générale. Ecrivez les unités de même espèce dans la même colonne, et quand la somme entière sera faite, séparez sur la droite autant de chiffres décimaux qu'il y en a à la suite de celui des nombres que vous avez ajoutés qui en a le plus.

Soustraction des unités décimales.

La règle est absolument la même que celle

que l'on suit pour les nombres entiers, mais pour éviter tout embarras, il convient aux commençans de rendre le nombre des chiffres décimaux le même dans chacun des deux nombres proposés, en mettant un nombre suffisant de zéros à la suite de celui qui a le moins de décimales, cette préparation ne change rien à la valeur de ce nombre. (64)

Exemple.

De   5403,25
Oter   585,6532

Je mets deux 0 à la suite des décimales du nombre supérieur et j'ai

5403,2500
385,6532
―――――――
5017,5968

après quoi j'opère comme s'il était question de nombres entiers.

De la Multiplication des unités décimales.

Pour multiplier les parties décimales, on observera la même règle que pour les nombres entiers, sans faire aucune attention à la virgule ; mais, après avoir trouvé le produit, on en séparera, sur la droite, par une virgule, autant de chiffres qu'il y a de décimales, tant dans le multiplicande que dans le multiplicateur.

Exemple I.

On propose de multiplier 54,23
par................... 8,3
―――――
16269
43384
―――――
450,109

Je multiplierai 5423 par 83, le produit sera 450109 ; et, comme il y a deux décimales dans le multiplicande, et une dans le multiplicateur, je séparerai trois chiffres sur la droite de ce produit qui, par là, deviendra 450,109, tel qu'il doit être.

La raison de cette règle est facile à saisir, en observant que, si le multiplicateur était 83, le produit n'aurait en décimale que des *centièmes*, puisqu'on aurait répété 83 fois le multiplicande 54,23, dont les décimales sont des centièmes ; mais, comme le multiplicateur est 8,3, c'est-à-dire, dix fois plus petit que 83, le produit doit donc avoir des unités dix fois plus petites que les centièmes ; le dernier chiffre de ces décimales doit donc être des *millièmes ;* il doit donc y avoir trois chiffres décimaux dans ce produit, c'est-à-dire, autant qu'il y en a, tant dans le multiplicande que dans le multiplicateur.

On peut appliquer un raisonnement semblable, à tout autre cas.

Exemple II.

Si l'on avait........ 0,12
à multiplier par....... 0,3
_____
0,036

On multiplierait 12 par 3, ce qui donnerait 36. Comme la règle prescrit de séparer ici trois chiffres, on pourrait être embarrassé à y satisfaire, puisque ce produit 36 n'en a que deux; mais, si l'on reprend le raisonnement que nous avons appliqué à l'exemple précédent, on verra facilement qu'il faut, comme on le voit ici, interposer un zéro entre 36 et la virgule. En effet, si l'on avait 0,12 à multiplier par 3, il est évident qu'on aurait 0,36; mais on n'a à multiplier que par 0,3, c'est-à-dire, par un nombre dix fois plus petit que 3 ; on doit avoir un produit dix fois plus petit que 0,36, c'est-à-dire, des millièmes; et c'est ce qui a lieu lorsqu'on écrit 0,036.

Comme on n'emploie ordinairement les décimales que dans la vue de faciliter les calculs, en substituant à un calcul rigoureux, une approximation suffisante, mais prompte ; il n'est pas inutile d'exposer ici un moyen d'abréger l'opération, lorsqu'on n'a besoin d'avoir le produit que jusqu'à un degré d'exactitude proposé.

Supposons, par exemple, qu'ayant à multiplier 45,625957 par 28,635, je n'aie besoin d'avoir le produit qu'à moins d'un millième près. J'écris ces deux nombres comme on le voit ci-dessous, c'est-à-dire, qu'après avoir renversé l'ordre des chiffres de l'un des deux, je l'écris sous l'autre, en faisant répondre le chiffre 8 de ses unités sous la décimale immédiatement inférieure de deux degrés, à celui auquel je veux borner mon produit. Je fais ensuite la multiplication, en négligeant, dans le multiplicande, tous les chiffres qui se trouvent à la droite de celui par lequel je multiplie; et, à mesure que je change de chiffre dans le multiplicateur, je porte toujours le premier chiffre du nouveau produit, sous le premier chiffre du premier. L'addition de tous ces produits étant faite, je supprime les deux derniers chiffres, en observant cependant d'augmenter le dernier de ceux qui restent, d'une unité, si les deux que je supprime passent 50; après quoi je place la virgule au rang fixé par l'espèce de décimale que je me proposais d'avoir.

Exemple.

Je veux multiplier.... 45,625957
par.................. 28,635

mais je n'ai pas besoin d'avoir le produit qu'à un millième d'unité près.

J'écris ainsi ces deux nombres : 45,625957
53682

91,251914
36,500760
2,737554
136875
11810

150,649,913
produit.................... 1306,499

Et, si l'on avait fait la multiplication à l'ordinaire, on aurait eu 1306,499278695, qui s'accorde avec le précédent, jusqu'à la troisième décimale, ainsi qu'on le demande.

S'il n'y avait pas assez de chiffres décimaux dans le multiplicande, pour faire correspondre le chiffre des unités du multiplicande au chiffre auquel la règle prescrit de le faire correspondre, on y suppléerait en mettant des zéros.

Exemple.

On doit multiplier..... 54,236
par 532,27
et l'on veut avoir le produit, à un centième d'unité près.

J'écris............... 54,236000
72235

271 180000
16 270800
1 084720
108472
37961

288 681933

produit............... 28868,20 en ajoutant une unité au dernier chiffre, parce que les deux que l'on supprime passent 50.

Pour troisième exemple, supposons qu'on ait à multiplier 0,227538917
par......... 0,5664178
et l'on ne veut avoir que 7 décimales au produit, on écrira 0,227538917
87146650

........0
113769455
13652334
1365228
91012
2275
1589
176

128882069
produit...... 0,1288821

Division des décimales.

Mettez à la suite de celui des deux nombres proposés, qui a le moins de décimales, un nombre de zéros suffisant pour que le nombre des décimales soit le même dans chacun : cela ne changera rien à la valeur de ce nombre [64]; supprimez la virgule dans l'un et dans l'autre, et faites l'opération comme pour les nombres entiers ; il n'y aura rien à changer au quotient que vous trouverez.

Exemple.

On propose de diviser 12,52 par 4,3.
J'écris.......... 12,52 | 4,3
Ou plutôt..... 12,52 | 4,30
en complétant le nombre des décimales.

Supprimant la virgule, j'ai 1252 à diviser par 430 ; faisant l'opération,

1252 | 430
392 | 2 $\frac{392}{430}$

Je trouve 2 pour quotient, et 392 pour reste, c'est-à-dire que le quotient est 2, et $\frac{392}{430}$.

Mais, comme l'objet qu'on se propose, quand on se sert de décimales, est d'éviter les fractions ordinaires, au lieu d'écrire le reste 392 sous la forme de fraction, comme on vient de le faire, on continuera l'opération comme dans l'exemple suivant.

Exemple.

```
1252 | 430
 3920 | 2,9116
  500
   700
  2700
    120
```

Après avoir trouvé le quotient en entier, qui est ici 2, on mettra à côté du reste 392, un zéro qui, à la vérité, rendra ce reste dix fois trop grand; on continuera de diviser par 430, et, ayant trouvé qu'il faudrait mettre 9 au quotient, on l'y mettra en effet, mais après avoir marqué la place des unités entières, en mettant une virgule après le 2 ; par ce moyen, le 9 ne marquera plus que des dixièmes, après la multiplication et la soustraction faites, on mettra, à côté du reste 50, un zéro, ce qui est la même chose que si l'on en avait mis d'abord deux à côté du dividende, mais en mettant après le 9, le quotient 1 qu'on trouvera, on lui donnera par-là sa véritable valeur, puisqu'alors il marque des centièmes; on continuera ainsi tant qu'on le jugera nécessaire. En s'en tenant à deux décimales, on a la valeur du quotient à moins d'un centième d'unité près; en poussant jusqu'après trois chiffres, on a le quotient à moins d'un millième près, et ainsi de suite, puisqu'on n'aurait pas pu mettre une unité de plus ou de moins, sans rendre le quotient trop fort ou trop faible.

Tous les restes de division peuvent être réduits ainsi en décimales.

Il reste à expliquer pourquoi la suppression de la virgule, dans le dividende et dans le diviseur, ne change rien au quotient, lorsqu'on a rendu le nombre des décimales le même dans chacun de ces deux nombres : ce qu'il est aisé d'apercevoir, parce que, dans les exemples ci-dessus, le dividende 12,52, et le diviseur 4,30 ne sont autre chose que 1252 centièmes et 430 centièmes, puisque les unités entières valent des centaines de centièmes; or, il est clair que 1252 centièmes ne contiennent pas autrement 430 centièmes, que 1252 unités contiennent 430 unités; donc, la considération de la virgule est inutile, quand on a complété le nombre des décimales.

Des Raisons, Proportions et Progressions, et de quelques règles qui en dépendent.

Les mots *raison* et *rapport* ont la même signification en Mathématiques, et l'un et l'autre expriment le résultat de la comparaison de deux quantités?

Si, dans la comparaison de deux quantités, on a pour but de connaitre de combien l'une surpasse l'autre, ou en est surpassée, le résultat de cette comparaison, qui est la différence de ces deux quantités, se nomme leur *Rapport arithmétique.*

Ainsi, si je compare 15 avec 8 pour connaitre leur différence 7, ce nombre 7 qui est le résultat de la comparaison, est le rapport arithmétique de 15 à 8.

Pour marquer que l'on compare deux quantités sous ce point de vue, on sépare l'une de l'autre par un point; en sorte que 15.8 marque que l'on considère le rapport arithmétique de 15 à 8.

Si, dans la comparaison de deux quantités, on se propose de connaitre combien de fois l'une contient l'autre, ou est contenue en elle, le résultat de cette comparaison se nomme leur *Rapport géométrique.* Par exemple, si je compare 12 à 3 pour savoir combien de fois 12 contient 3, le nombre 4 qui exprime ce nombre de fois, est le rapport géométrique de 12 à 3.

Pour marquer que l'on compare deux quantités sous ce point de vue, on sépare l'une de l'autre par deux points: cette expression 12 : 3 marque que l'on considère le rapport géométrique de 12 à 3.

Des deux quantités que l'on compare, celle qu'on énonce ou qu'on écrit la première, se nomme *antécédent*, et la seconde se nomme *conséquent*. Ainsi, dans le rapport 12 : 3, 12 est l'antécédent, et 3 est le conséquent; l'un et l'autre s'appellent les *termes* du rapport.

Pour avoir le rapport arithmétique de deux quantités, il n'y a donc autre chose à faire qu'à retrancher la plus petite de la plus grande.

Et, pour avoir le rapport géométrique de deux quantités, il faut diviser l'une par l'autre.

Nous évaluerons ce rapport, dorénavant, en divisant l'antécédent par le conséquent : ainsi, le rapport de 12 à 3 est 4, et le rapport de 3 à 12 est $\frac{3}{12}$ ou $\frac{1}{4}$.

Un rapport arithmétique ne change point, quand on ajoute à chacun de ses deux termes, ou qu'on en retranche une même quantité, parce que la différence (en quoi consiste le rapport), reste toujours la même.

Un rapport géométrique ne change point, quand on multiplie, ou quand on divise ses deux termes par un même nombre; car le rapport géométrique consistant dans le quotient de la division de l'antécédent par le conséquent, est une quantité fractionnaire qui ne peut changer par la multiplication ou la division de ses deux termes par un même nombre. Ainsi, le rapport 3 : 12 est le même que celui 6 : 24

que l'on a en multipliant les deux termes du premier par 2, il est le même que celui 1 : 4 que l'on a en divisant par 3.

Cette propriété sert à simplifier les rapports. Par exemple, si j'avais à examiner le rapport de 6 $\frac{3}{4}$ à 10 $\frac{2}{3}$, je dirais, en réduisant tout en fractions : ce rapport est le même que celui de $\frac{27}{4}$ à $\frac{32}{3}$, ou, en réduisant au même dénominateur, le même que celui de $\frac{81}{12}$ à $\frac{128}{12}$; ou enfin, en supprimant le dénominateur 12 (ce qui revient au même que de multiplier les deux termes du rapport par 12), ce rapport est le même que celui de 81 à 128.

Lorsque quatre quantités sont telles que le rapport des deux premières est le même que le rapport des deux dernières, on dit que ces quatre quantités forment une *proportion*; et cette proportion est arithmétique ou géométrique, selon que le rapport qu'on y considère est arithmétique ou géométrique.

Les quatre quantités 7, 9, 12, 14, forment une proportion arithmétique, par ce que la différence des deux premières est la même que celle des deux dernières. Pour marquer qu'elles sont en proportion arithmétique, on les écrit ainsi : 7.9:12.14., c'est-à-dire qu'on sépare, par un point, les deux termes de chaque rapport, et les deux rapports par deux points. Le point qui sépare les deux termes de chaque rapport, signifie *est à*, et les deux points qui séparent les deux rapports, signifient *comme*; en sorte que, pour énoncer la proportion ainsi écrite, on dit : 7 *est à* 9 *comme* 12 *est à* 14.

Les quatre quantités 3, 15, 4, 20 forment une proportion géométrique, parce que 3 est contenu dans 15 comme 4 l'est dans 20. Pour marquer qu'elles sont en proportion géométrique, on les écrit ainsi : 3 : 15 :: 4 : 20 ; c'est-à-dire qu'on sépare les deux termes de chaque rapport par deux points, et les deux rapports par quatre points. Les deux points signifient *est à*, et les quatre points signifient *comme*; de sorte qu'on dit : 3 *est à* 15 comme 4 *est à* 20.

Il faut seulement observer que, dans la proportion arithmétique, on fait précéder le mot *comme* du mot *arithmétiquement*.

Le premier et le dernier terme de la proportion se nomment les *extrêmes*; le 2e et le 3e se nomment les *moyens*.

Comme il y a deux rapports, et par conséquent, deux antécédens et deux conséquens, on dit, pour le premier rapport : *premier antécédent*, *premier conséquent*; et, pour le second : *second antécédent*, *second conséquent*.

Quand les deux termes moyens d'une proportion sont égaux, la proportion se nomme *proportion continue* ; 3.7:7.11, forme une proportion arithmétique continue ; on l'écrit ainsi : ÷3.7.11. ; les deux points et la barre qui précèdent, sont pour avertir que, dans l'énoncé, on doit répéter le terme moyen qui est ici 7.

La proportion 5:20::20:80, est une proportion géométrique continue, que, par abréviation, on écrit ainsi : ÷5:20:80 ; l'usage des quatre points et de la barre est le même que dans la proportion arithmétique continue.

Il suit, de ce que nous venons de dire sur les proportions arithmétiques et géométriques :

1° Que si, dans une proportion arithmétique, on ajoute à chacun des antécédens, ou si l'on en retranche la différence ou raison qui règne dans cette proportion, selon que l'antécédent sera plus petit ou plus grand que son conséquent, chaque antécédent deviendra égal à son conséquent ; car, c'est donner au plus petit terme de chaque rapport, ce qui lui manque pour égaler son voisin ; ou retrancher du plus grand ce dont il surpasse son voisin. Ainsi, dans la proportion 3.7:8.12, ajoutez la différence 4, vous aurez au premier et au troisième terme 7.7:12.12, et il est aisé de sentir que cela est général.

8

2°. Si, dans une proportion géométrique, vous multipliez chacun des deux conséquents, par le rapport, vous les rendrez pareillement égaux chacun à son antécédent ; car, multiplier le conséquent par le rapport, c'est le prendre autant de fois qu'il est contenu dans l'antécédent : ainsi, dans la proportion 12∶3∷20∶5, multipliez 3 et 5, chacun par 4, et vous aurez 12∶12∷20∶20 ; pareillement, dans la proportion 15∶9∷45∶27 ; multipliez 9 et 27, chacun par $\frac{15}{9}$ ou $\frac{5}{3}$ qui est le rapport, vous aurez 15∶15∷45∶45.

Propriétés des Proportions Arithmétiques.

La propriété fondamentale des proportions arithmétiques, est que *la somme des extrêmes est égale à la somme des moyens ;* par exemple, dans cette proportion 3.7∶8.12, la somme 3 et 12 des extrêmes, et celle 7 et 8 des moyens, sont également 15.

Voici comment on peut s'assurer que cette propriété est générale.

Si les deux premiers termes étaient égaux entr'eux, et les deux derniers aussi égaux entr'eux, comme dans cette proportion :

$$7.7 \div 12.12.$$

Il est évident que la somme des extrêmes serait égale à celle des moyens.

Or, toute proportion arithmétique peut être

ramenée à cet état, en ajoutant à chaque antécédent, ou en ôtant la différence qui règne dans la proportion. Cette addition, qui augmentera également la somme des extrêmes et celle des moyens, ne peut rien changer à l'égalité de ces deux sommes; ainsi, si elles deviennent égales par cette addition, c'est qu'elles étaient égales sans cette même addition. Le raisonnement est le même pour le cas de la soustraction.

Autre démonstration.

Soit la proportion 4 . 7 : 8 . 11, je la décompose ainsi :

4 . 4 + 3 (ou 7) : 8 . 8 + 3 (ou 11), et je vois d'un coup-d'œil que la somme des extrêmes, ainsi que celle des moyens, se compose des mêmes quantités qui sont, de part et d'autre, 3, 4 et 8.

Puisque, dans la proportion continue, les deux termes moyens sont égaux, il suit de ce qu'on vient de démontrer, que, dans cette même proportion, la somme des extrêmes est double du terme moyen, ou que le terme moyen est la moitié de la somme des extrêmes. Ainsi, pour avoir un moyen arithmétique entre 7 et 15 par exemple, j'ajoute 7 à 15; et prenant la moitié de la somme 22, j'ai 11 pour le terme moyen, en sorte que ÷ 7 . 11 . 15.

Propriétés des Proportions Géométriques.

La propriété fondamentale de la proportion géométrique, est que *le produit des extrêmes est égal à celui des moyens;* par exemple, dans cette proportion : $3:15::7:35$, le produit de 35 par 3, et celui de 15 par 7, sont également 115.

Voici comment on peut se convaincre que cette propriété a eu lieu dans toute proportion géométrique.

Si les antécédents étaient égaux à leurs conséquents, comme dans cette proportion :
$$3:3::7:7,$$
il est évident que le produit des extrêmes serait égal au produit des moyens.

Mais on peut toujours ramener une proportion à cet état, en multipliant les deux conséquents par la raison. Cette multiplication, fera, à la vérité, que le produit des extrêmes sera un certain nombre de fois plus grand qu'il n'aurait été, ou sera un certain nombre de fois plus petit, si le rapport est une fraction; mais elle produira le même effet sur celui des moyens; donc, puisqu'après cette multiplication le produit des extrêmes serait égal au produit des moyens, ces deux produits doivent aussi être égaux sans cette même multiplication.

Autre démonstration.

Soit la proportion $2 : 6 :: 3 : 9$, je la décompose ainsi.

$2 : 2 \times 3$ (ou 6), $:: 3 : 3 \times 3$ (ou 9), ce qui fait voir tout de suite que les facteurs du produit des extrêmes comme pour celui des moyens, sont de part et d'autre, 2, 3, 3.

On peut donc prendre le produit des extrêmes pour celui des moyens, et réciproquement.

Donc, *dans la proportion continue, le produit des extrêmes est égal au carré du terme moyen;* car les deux moyens étant égaux, leur produit est le carré de l'un d'eux. Donc, pour avoir un moyen géométrique entre deux nombres proposés, il faut multiplier ces deux nombres l'un par l'autre, et tirer la racine carrée de ce produit. Ainsi, pour avoir un moyen géométrique entre 4 et 9, je multiplie 4 par 9, et la racine carrée 6 du produit 36 est le moyen proportionnel cherché.

De la propriété fondamentale de la proportion géométrique, il suit que si, connaissant les trois premiers termes d'une proportion, on voulait déterminer le quatrième, il faudrait *multiplier le second par le troisième, et diviser le produit par le premier ;* car il est évident qu'on aurait le quatrième terme en divisant le produit des deux extrêmes par le premier terme ; or, ce produit est le même que celui des moyens ; donc, on aura aussi le quatrième terme en divisant le produit des moyens par le premier terme.

Ainsi, si l'on demande quel serait le quatrième terme d'une proportion dont les trois premiers seraient 3 : 5 : 8 :: 12 ; je multiplie 8 par 12, ce qui me donne 96 que je divise par 3 ; le quotient 32 est le quatrième terme demandé ; ensorte que 3,8,12,32 forment une proportion : en effet le premier rapport est $\frac{3}{8}$, et le second est $\frac{12}{32}$ qui, en divisant les deux termes par 4, est aussi $\frac{3}{8}$.

Par un semblable raisonnement, on voit qu'on peut trouver tout autre terme de la proportion, lorsqu'on en connaît trois. *Si le terme qu'on veut trouver est un des extrêmes, il faudra multiplier les deux moyens, et diviser par l'extrême connu : si, au contraire, on veut trouver un des moyens, il faudra multiplier les deux extrêmes, et diviser par le terme moyen connu.*

Cette propriété de l'égalité entre le produit des extrêmes et celui des moyens, ne peut appartenir qu'à quatre quantités en proportion géométrique. En effet, si l'on avait quatre quantités qui ne fussent point en proportion géométrique, en multipliant les conséquents par le rapport des deux premières, il n'y aurait que le premier antécédent qui deviendrait égal à son conséquent.

Par exemple, si l'on avait 3, 12, 5, 10, en multipliant les conséquents 12 et 10 par la raison $\frac{1}{4}$ des deux premiers termes 3 et 12, on aurait 3,3,5, $\frac{10}{4}$ dans lesquels il est évident que le produit des extrêmes ne peut être égal à celui des moyens; donc ces produits ne pourraient pas être égaux non plus, quand même on n'aurait pas multiplié les conséquents par la raison $\frac{1}{4}$. Il est visible que ce raisonnement peut s'appliquer à tous les cas.

Donc, *si quatre quantités sont telles, que le produit des extrêmes soit égal au produit des moyens, ces quatre quantités sont en proportion.* De là, nous conclurons cette seconde propriété des proportions.

Si quatre quantités sont en proportion, elles y seront encore, si l'on met les extrêmes à la place des moyens, et les moyens à la place des extrêmes.

La même chose aura lieu, c'est-à-dire *que la proportion subsistera, si l'on échange les places des extrêmes ou celles des moyens.*

En effet, dans tous ces cas, il est aisé de voir que le produit des extrêmes sera toujours égal à celui des moyens.

Ainsi, la proportion 3:8::12:32 peut fournir

toutes les proportions suivantes, par la seule permutation de ses termes.

3 : 8 :: 12 : 32 ; 3 : 12 :: 8 : 32 ; 32 : 12 :: 8 : 3 ;
32 : 8 :: 12 : 3 ; 8 : 3 :: 32 : 12 ; 8 : 32 :: 3 : 12 ;
12 : 3 :: 32 : 8 ; 12 : 32 :: 3 : 8.

Et il en est de même de toute autre proportion.

Puisqu'on peut mettre le troisième terme à la place du second, et réciproquement, on doit en conclure *qu'on peut, sans troubler une proportion, multiplier ou diviser les deux antécédents par un même nombre, et qu'il en est de même à l'égard des conséquents* ; car, en faisant cette permutation, les deux antécédents de la proportion donnée formeront le premier rapport, et les deux conséquents, le second. Ainsi multiplier les deux antécédens de la première proportion, revient alors à multiplier les deux termes d'un rapport, chacun par un même nombre, ce qui ne change point ce rapport. Par exemple, si j'ai la proportion 3 : 7 :: 12 : 28, je puis, en divisant les deux antécédents par 3, dire 1 : 7 :: 4 : 28, parce que, de la proportion 3 : 7 :: 12 : 28, on peut conclure 3 : 12 :: 7 : 28, et en divisant les deux termes du premier rapport par 3, 1 : 4 :: 7 : 28, qui peut être changée en 1 : 7 :: 4 : 28.

Tout changement fait dans une proportion,

de manière que la somme de l'antécédent et du conséquent, ou leur différence, soit comparée à l'antécédent ou au conséquent, de la même manière dans chaque rapport, formera toujours une proportion.

Par exemple, si l'on a la proportion
$$12 : 5 :: 32 : 8,$$
on en pourra conclure les proportions suivantes :

12 *plus* 3 : 3 :: 32 *plus* 8 : 8
ou 12 *moins* 3 : 3 :: 32 *moins* 8 : 8
ou 12 *plus* 3 : 12 :: 32 *plus* 8 : 32
ou 12 *moins* 3 : 12 :: 32 *moins* 8 : 32

Car, si c'est au conséquent que l'on compare, il est facile de voir que l'antécédent, augmenté ou diminué du conséquent, contiendra ce conséquent une fois de plus ou une fois de moins qu'auparavant; et comme cette comparaison se fait de la même manière pour le second rapport qui, par la nature de la proportion, est égal au premier, il s'ensuit nécessairement que les deux nouveaux rapports seront aussi égaux entr'eux.

Si c'est à l'antécédent que l'on compare, le même raisonnement aura encore lieu, en concevant que, dans la proportion sur laquelle on fait ce changement, on ait mis l'antécédent de chaque rapport à la place de son conséquent, et le conséquent à la place de l'antécédent, ce qui est permis.

Puisqu'en mettant le troisième terme d'une proportion à la place du second, et réciproquement, il y a encore proportion, on doit conclure que les deux antécédents se contiennent l'un l'autre autant de fois que les conséquents se contiennent aussi l'un l'autre.

Donc, *la somme des deux antécédents de toute proportion, contient la somme des deux conséquents, ou est contenue en elle, autant qu'un des antécédents contient son conséquent, ou est contenu en lui,*

Par exemple, dans la proportion
$$12 : 3 :: 32 : 8$$
12 plus 32 : 3 plus 8 :: 32 : 8, ce qui est évident.

Mais, pour s'en convaincre généralement, il n'y a qu'à faire attention que si le premier antécédent contient le second quatre fois, par exemple, la somme des deux antécédents contiendra le second cinq fois ; et, par la même raison, la somme des conséquents contiendra le second conséquent cinq fois, donc, la somme des antécédents contiendra celle des conséquents, comme le quintuple d'un des antécédents contient le quintuple de son conséquent ; c'est-à-dire, comme un des antécédents contient son conséquent.

On prouverait de même que la différence

des antécédents est à la différence des conséquents, comme un antécédent est à son conséquent.

Il est évident que la proposition qu'on vient de démontrer revient à celle-ci, si on a deux rapports égaux, par exemple, celui

de............ 4 : 12
et celui de..... 7 : 21
                 ─────────
                 11 : 33

On aura encore le même rapport, en ajoutant antécédent à antécédent, et conséquent à conséquent.

Donc, *si l'on a plusieurs rapports égaux, la somme de tous les antécédents est à la somme de tous les conséquents, comme l'un des antécédents est à son conséquent.* Par exemple, si on a les rapports égaux 4 : 12 :: 7 : 21 :: 2 : 6, on peut dire que 4 *plus* 7 *plus* 2, sont à 12 *plus* 21 *plus* 6, comme 4 est à 12, ou comme 7 est à 21, etc.

Car, après avoir ajouté entr'eux les antécédents des deux premiers rapports, et leurs conséquents aussi entr'eux, le nouveau rapport qui, selon ce qu'on vient de voir, sera le même que chacun des deux premiers, sera aussi le même que le troisième : par conséquent, on pourra l'ajouter de même avec celui-ci, et il en résultera encore le même rapport ; ainsi de suite.

On appelle *rapport composé*, celui qui résulte de deux, ou d'un plus grand nombre de rapports dont on multiplie les antécédents entr'eux, et les conséquents entr'eux. Par exemple, si l'on a les deux rapports 12:4, et 25:5, le produit des antécédents 12 et 25 sera 300, celui des conséquents 4 et 5 sera 20 ; le rapport de 300 à 20 est ce qu'on appelle rapport composé des rapports de 12 à 4, et de 25 à 5.

Ce rapport est le même que si l'on avait évalué séparément chacun des rapports composans, et qu'on eût multiplié entre eux les nombres qui expriment ces rapports. En effet, le rapport de 12 à 4, est 3, celui de 25 à 5 est 5 : or, 3 fois 5 font 15, qui est le rapport de 300 à 20 ; et on peut voir que cela est général, en faisant attention que le rapport est mesuré par une fraction qui a l'antécédent pour numérateur, et le conséquent pour dénominateur : ainsi, le rapport composé doit être une fraction qui ait pour numérateur le produit des deux antécédens, et pour dénominateur le produit des deux conséquents ; c'est donc le produit des deux fractions, qui exprime les rapports composans.

Si les rapports que l'on multiplie sont égaux, le rapport composé est dit *rapport doublé*, si l'on n'a multiplié que deux rapports; *rapport triplé*, si l'on a multiplié trois; *quadruplé*, si l'on en a multiplié quatre, et ainsi de suite. Par exemple, si l'on multiplie le rapport de 2 à 3, par celui de 4 à 6 qui lui est égal, on aura le rapport composé 8 : 18 qui sera dit rapport *doublé* du rapport de 2 à 3, ou de 4 à 6.

Si l'on a deux proportions, et qu'on les multiplie par ordre, c'est-à-dire, le premier terme de l'une par le premier terme de l'autre, le second par le second, et ainsi de suite, les quatre produits qui en résulteront, seront en proportion.

Car, en multipliant ainsi deux proportions, c'est multiplier deux rapports égaux par deux rapports égaux; donc, les deux rapports composés qui en résultent doivent être égaux; donc, les quatre produits doivent être en proportion.

Usages des Propositions précédentes.

Les propositions que nous venons de démontrer, et qu'on appelle les *règles des proportions*, ont des applications continuelles dans toutes les parties des Mathématiques. Nous

nous bornerons ici à celles qui appartiennent à l'Arithmétique, et nous commencerons par celles qu'on peut faire de ce qui a été établi, et qui est la base de presque toutes les autres.

DE LA RÈGLE DE TROIS DIRECTE

ET SIMPLE.

On distingue plusieurs sortes de règles de *Trois* : elles ont toutes pour objet de faire connaître un terme d'une proportion dont on en connaît trois.

Celle qu'on appelle *règle de Trois directe et simple*, est nommée *simple*, parce que l'énoncé des questions auxquelles on l'applique, ne renferme jamais plus de quatre quantités dont trois sont connues; et la quatrième est à trouver.

On l'appelle *directe;* parce que, des quatre quantités qu'on y considère, il y en a toujours deux qui, non-seulement sont relatives aux deux autres, mais qui en dépendent, de manière que, de même qu'une des quantités contient l'autre, ou est contenue en elle, de même aussi la quantité relative à la première contient la quantité relative à la seconde, ou est contenue en elle ; c'est-à-dire, d'une manière plus abrégée, qu'une quantité et sa relative peuvent toujours être toutes deux, ou antécédents ou conséquents dans la proportion; ce qui n'a pas lieu dans la règle de Trois inverse, comme nous le verrons dans peu.

La méthode pour trouver le quatrième terme d'une proportion, et par conséquent, pour faire la règle de Trois directe et simple, est suffisamment exposée; mais il est à propos de faire connaître, par quelques exemples, l'usage qu'on peut faire de cette règle.

Exemple I.

40 ouvriers ont fait, en un certain temps, 268 toises d'ouvrage, on demande combien 60 ouvriers pourraient en faire dans le même temps?

Il est clair que le nombre de toises doit augmenter a proportion du nombre des ouvriers; en sorte que celui-ci devenant double, triple, quadruple, etc., le premier doit devenir aussi double, triple, quadruple, etc. Ainsi, l'on voit que le nombre de toises cherché doit contenir les 268 toises, autant que le nombre 60, relatif au premier, contient le nombre 40, relatif au second; il faut donc chercher le quatrième terme d'une proportion qui commencerait par ces trois-ci :

$$40 : 60 :: 268^T : $$

Ou (en divisant ces deux premiers termes par 20), ce qui est permis, on aura ces trois autres :

$$2 : 3 :: 268^T :$$

Ainsi, selon ce qui a été dit, je multiplie 268^T par 3, et je divise le produit 804 par 2 ; ce qui donne pour quotient 402^T, et par conséquent, 402^T pour l'ouvrage que feraient les 60 ouvriers.

Exemple II.

Un navire a fait, avec un même vent, 275 lieues en 3 jours ; on demande en combien de temps il en ferait 2000, toutes les autres circonstances demeurant les mêmes ?

Il est évident qu'il faut plus de temps, à proportion du nombre de lieues, et que, par conséquent, le nombre de jours cherché doit contenir 3 jours, autant que 2000 lieues contiennent 275 lieues : il faut donc chercher le quatrième terme d'une proportion qui commence par ces trois-ci :

$$275 : 2000 :: 3 :$$

Multipliant 2000 par 3, et divisant le produit 6000 par 275, on aura 21 jours $\frac{9}{11}$.

Exemple III.

52^T 4^P 5^p d'ouvrage ont été payés $168^{\#}$ 9^S $4^{\text{å}}$; on demande combien on doit payer pour 77^T 1^P 8^p ?

Le prix de 77^T 1^P 8^P doit contenir le prix de $168^{\#}$ 9^S $4^{\text{å}}$ des 52^T 4^P 5^P ; autant que 77^T 1^P 8^P contient 52^T 4^P 5^P. Il faut donc chercher le quatrième terme d'une proportion qui commencerait par ces trois-ci :

52^T 4^P 5^P : 77^T 1^P 8^P :: $168^{\#}$ 9^S $4^{\text{å}}$:

C'est-à-dire, qu'il faut multiplier $168^{\#}$ 9^S $4^{\text{å}}$ par 77^T 1^P 8^P, et diviser le produit par 52^T 4^P 5^P, ce qu'on peut faire par ce qui a été dit.

Mais il sera encore plus simple de réduire les deux premiers termes à leur plus petite espèce, c'est-à-dire, en pouces, et la question sera réduite à chercher le quatrième terme d'une proportion qui commencerait par ces trois autres :

3797 : 5564 :: $168^{\#}$ 9^S $4^{\text{å}}$:

Alors, multipliant $168^{\#}$ 9^S $4^{\text{å}}$ par 5564, on aura $937348^{\#}$ 10^S $8^{\text{å}}$; et, divisant par 3797, le quotient $246^{\#}$ 17^S $3^{\text{å}}$ $\frac{2789}{3797}$, sera ce qu'on doit payer pour les 77^T 1^P 8^P.

S'il y avait des fractions, après avoir réduit les deux termes de même espèce à leur plus petite unité, comme dans cet exemple, on simplifierait le rapport de ces deux termes, de la manière qui a été enseignée.

De la Règle de Trois *inverse et simple.*

La *Règle de Trois inverse et simple* diffère de la règle de Trois directe dont nous venons de parler, en ce que, des quatre quantités qui entrent dans l'énoncé de la question pour laquelle on fait cette opération, les deux principales doivent se contenir l'une l'autre, dans un ordre tout opposé à celui des deux autres quantités qui leur sont relatives; en sorte que, lorsque, par l'examen de la question, on a donné à ces quantités la disposition convenable pour former une proportion, l'une des quantités principales et sa relative forment les extrêmes, et l'autre quantité principale, avec sa relative, forment les moyens.

Au reste, cela n'introduit aucune différence dans la manière de faire l'opération; c'est toujours le quatrième terme d'une proportion qu'il s'agit de trouver, ou du moins, on peut toujours amener la chose à ce point.

Quelques arithméticiens ont prescrit, pour le cas présent, une règle assujétie à l'énoncé de la question : nous ne suivrons point leur exemple; c'est la nature de la question, et non pas son énoncé (qui souvent est vicieux) qui doit diriger dans la résolution.

Exemple I.

30 hommes ont fait un certain ouvrage en 25 jours ; combien faudrait-il d'hommes pour faire le même ouvrage en 10 jours ?

On voit qu'il faut, dans ce second cas, d'autant plus d'hommes, que le nombre de jours est moindre ; ainsi, le nombre d'hommes cherché doit contenir le nombre de 30 hommes, autant que le nombre 25 de jours, relatif à ceux-ci, contient le nombre 10 de jours, relatif à ceux-là. Il ne s'agit donc que de trouver le quatrième terme d'une proportion qui commencerait par ces trois-ci :

$$10^j : 25^j :: 30^{ho} :$$

C'est-à-dire, de multiplier 30 par 25, et de diviser le produit 750 par 10 ; ce qui donne 75, ou 75 hommes.

Exemple II.

Un équipage n'a plus que pour 15 jours de vivres ; mais les circonstances doivent lui faire tenir encore la mer pendant 20 jours ; on demande à combien doit se réduire la totalité des rations par jour ?

Représentons, par l'unité, la totalité des vivres que l'on consomme par jour ; on voit

que ce à quoi on doit se restreindre, doit être d'autant moindre que cette unité, que le nombre 20 des jours pendant lesquels cette économie doit durer est plus grand que le nombre de 15 jours; que, par conséquent, de même que 20 jours contiennent 15, de même la totalité des vivres que l'on aurait consommés pendant chacun de ces 15 jours, doit contenir celle des vivres que l'on consommera pendant chacun des 20 jours; il faut donc chercher le quatrième terme d'une proportion qui commencerait par les trois suivans
$$20^j : 15^j :: 1 :$$
Ce quatrième terme sera $\frac{15}{20}$ ou $\frac{3}{4}$; il faut donc se réduire aux $\frac{3}{4}$ de ce qu'on aurait consommé par jour.

De la Règle de Trois composée.

Dans les deux règles de Trois que nous venons d'exposer, la quantité cherchée et la quantité de même espèce qui entrent dans l'énoncé de la question, ont entre elles un rapport simple et déterminé par celui des deux autres quantités qui entrent pareillement dans l'énoncé de la question.

Dans la règle de Trois composée, le rapport de la quantité cherchée à la quantité de même espèce qui entre dans l'énoncé de la question, n'est pas donné par le rapport simple de deux autres quantités seulement, mais par plusieurs rapports simples qu'il s'agit de composer d'après l'examen de la question.

Quand une fois ces rapports ont été composés la règle est réduite à une règle de Trois simple ; les exemples suivans vont éclaircir ce que nous disons.

Exemple I.

30 hommes ont fait 132 toises d'ouvrage en 18 jours ; combien 54 hommes en feront-ils en 28 jours ?

On voit que l'ouvrage dépend ici, non-seulement du nombre des hommes, mais encore du nombre des jours.

Pour avoir égard à l'un et à l'autre, il faut considérer que 30 hommes travaillant pendant 18 jours, ne font qu'autant que 18 fois 30 hommes, c'est-à-dire, que 540 hommes qui travailleraient pendant un jour.

Pareillement, 54 hommes travaillant pendant 28 jours, ne font qu'autant que feraient 28 fois 54 hommes, ou 1512 hommes travaillant pendant un jour.

La question est donc changée en celle-ci : 540 hommes ont fait 132 toises d'ouvrage, combien 1512 hommes en feraient-ils dans le même temps ? c'est-à-dire, qu'il faut chercher le quatrième terme d'une proportion qui commencerait par ces trois-ci :

$$540^h : 1512^h :: 132^T :$$

Multipliant 1512 par 132, et divisant le produit par 540, on trouvera, pour réponse à la question, $369^T \ 3^P \ 7^P \ 2^l \ \frac{2}{5}$.

Exemple II.

Un homme, marchant 7 heures par jour, a mis 30 jours à faire 250 lieues ; s'il marchait 10 heures par jour, combien emploierait-il de jours pour faire 600 lieues, allant toujours avec la même vitesse ?

S'il marchait pendant le même nombre d'heures par jour, dans chaque cas, on voit qu'il emploierait d'autant plus de jours qu'il y a plus de chemin à faire ; mais comme, dans le second cas, il marche pendant un plus grand nombre d'heures chaque jour, par cette raison, il lui faudra moins de temps ; ainsi, l'opération tient, en partie, à la règle de Trois directe, et à la règle de Trois inverse.

On la réduira à une règle de Trois simple, en considérant que marcher pendant 30 jours, en employant 7 heures chaque jour, c'est marcher pendant 30 fois 7 heures, ou 210 heures ; ainsi, on peut changer la question en cette autre : il a fallu 210 heures pour faire 250 lieues ;

combien en faudra-t-il pour faire 600 lieues? Quand on aura trouvé le nombre d'heures qui satisfait à cette question, en le divisant par 10, on aura le nombre de jours demandé, puisque l'homme dont il s'agit emploie 10 heures par jour.

Ainsi, il faut chercher le quatrième terme de la proportion, dont les trois premiers sont :
$$230^l : 600^l :: 210^h :$$
On trouvera que ce quatrième est 547 heures et $\frac{18}{23}$, lesquelles divisées par 10, nombre des heures que cet homme emploie chaque jour, donnent 54 jours et $\frac{180}{230}$, ou 54j $\frac{18}{23}$.

DE LA RÈGLE DE SOCIÉTÉ.

La règle de Société est ainsi nommée, parce qu'elle sert à partager entre plusieurs associés, le bénéfice ou la perte résultant de leur société.

Son but est de partager un nombre proposé, en parties qui aient entre elles des rapports donnés.

La règle que l'on donne pour cet effet est fondée sur ce que nous avons établi : nous allons la déduire de ce principe, dans l'exemple suivant.

Exemple 1.

Supposons, par exemple, qu'il s'agisse de partager 120, en trois parties qui aient entre elles les mêmes rapports que les nombres 4, 3, 2; l'énoncé de la question fournit ces deux propositions :

4 : 3 :: la première partie est à la seconde.
4 : 2 :: la première partie est à la troisième.

Ou ces deux autres :

4 est à la première partie :: 3 est à la seconde.
4 est à la première partie :: 2 est à la troisième

De sorte qu'on a ces trois rapports égaux :
4 est à la première partie :: 3 est à la seconde :: 2 est à la troisième.

Or, on a vu que la somme des antécédents de plusieurs rapports égaux, est à la somme des conséquents, comme un antécédent est à son conséquent : on peut donc dire ici, que la somme 9 des trois parties proportionnelles à celles que l'on cherche, est à la somme 120 de celle-ci, comme l'une quelconque des trois parties proportionnelles est à la partie de 120 qui lui répond.

La règle se réduit donc 1°, à faire une totalité des parties proportionnelles données; 2°, à faire autant de règles de Trois qu'il y a de parties à trouver, et dont chacune aura, pour premier terme, la somme des parties proportionnelles données; pour second terme, le nombre proposé à diviser; et pour troisième terme, l'une des parties proportionnelles données : ainsi, dans la question que nous avons prise pour exemple, on aurait à faire ces trois règles de Trois.

$$9 : 120 :: 4 :$$
$$9 : 120 :: 3 :$$
$$9 : 120 :: 2 :$$

Dont on trouvera que les quatrièmes termes sont $53\frac{1}{3}$, 40, $26\frac{2}{3}$, qui ont entre eux les rapports demandés, et qui composent en effet le nombre 120.

Mais, il est aisé de remarquer qu'il n'est pas absolument nécessaire de faire autant de règles de Trois qu'il y a de parties à trouver; on peut se dispenser de la dernière, en retranchant du nombre proposé, la somme des autres parties, quand on les a trouvées.

Exemple II.

Trois personnes ont à partager le bénéfice de la prise d'un vaisseau. La première a fait un fonds de 20000#; la seconde, de 60000#; la troisième, de 120000# : on demande ce qui revient à chacune, sur la prise estimée 800000#, tous frais faits.

On voit qu'il s'agit de partager 800000#,

en parties qui aient entre elles les mêmes rapports que 20000, 60000, 120000#, ou que 2, 6, 12, puisque chacun doit avoir proportionnellement à sa mise; il faut donc ajouter les trois parties proportionnelles 2, 6, 12, et faire les trois proportions suivantes, ou seulement deux :

20 : 800000 :: 2# : la première partie.
20 : 800000 :: 6# : la seconde partie.
20 : 800000 :: 12# : la troisième partie.

Ces trois parties seront 80000#, 240000#, 480000#.

La question pourrait être plus compliquée, et cependant être ramenée aux mêmes principes, comme dans l'exemple qui suit :

Exemple III.

Trois personnes ont mis en société : la première, 3000#, qui ont été, pendant six mois, dans la société; la seconde, 4000# qui y ont été pendant cinq mois; et la troisième, 8000# qui y ont resté pendant neuf mois; combien chacun doit-il avoir sur le bénéfice qui monte à 12050# ?

On réduira toutes les mises à un même temps en cette manière :

La mise de 3000# a dû produire, pendant six mois, autant que 6 fois 3000#, ou 18000# pendant un mois.

La mise de 4000# a dû produire, pendant cinq mois, autant que 5 fois 4000#, ou 20000# pendant un mois.

Enfin, la mise de 8000# a dû produire, en neuf mois, autant que 9 fois 8000#, ou 72000#, pendant un mois.

Ainsi, la question est réduite à cette autre: les mises des trois associés sont 18000#, 20000#, 72000#; combien revient-il à chacun, sur le gain de 12050#?

En procédant comme dans l'exemple ci-dessus, on trouvera 1971# 16^s 4^a $\frac{4}{11}$, 2190# 18^s 2^a $\frac{2}{11}$, 7887# 5^s 5^a $\frac{5}{11}$.

Remarque au sujet de la règle précédente.

Il n'est pas inutile d'examiner un cas qui peut embarrasser les commençans. Si l'on proposait cette question : partager 650 en trois parties, dont la première soit à la seconde :: 5 : 4, et dont la première soit à la troisième :: 7 : 3.

On ne peut pas appliquer ici la règle précédente, sans une préparation qui consiste à rendre la même, dans chaque rapport donné, la partie proportionnelle de l'une des trois parts cherchées ; par exemple, celle de la première, cela s'exécute aisément, en multipliant les deux termes de chaque rapport par le premier terme de l'autre rapport, ainsi, les deux rapports

5 : 4 et 7 : 3, seront ramenés à avoir un même premier terme, en multipliant les deux termes du premier par 7, et les deux termes du second par 5, ce qui n'en change pas la valeur, et donne les rapports 35 : 28, et 35 : 15 ; en sorte que la question se réduit à partager 650 en trois parties qui soient entre elles comme les nombres 35, 28 et 15 ; ce qui se fera aisément par la règle précédente.

Si l'on demandait de partager un nombre en quatre parties dont la première fût à la seconde :: 5 : 4, la première à la troisième :: 9 : 5, et la première à la quatrième :: 7 : 3, on réduirait ces rapports à avoir un même premier terme, en multipliant les deux termes de chacun par le produit des premiers termes des deux autres; ainsi, dans cet exemple, on changerait ces trois rapports en ces trois autres : 315 : 252, 315 : 175, 315 : 135 ; en sorte que la question se réduit à partager le nombre proposé, en quatre parties qui soient entre elles comme les nombres 315, 252, 175 et 135.

DE QUELQUES AUTRES RÈGLES DÉPENDANTES DES PROPORTIONS.

Quoique les règles suivantes soient d'un usage moins fréquent que les précédentes, nous ne pouvons cependant les omettre absolument: outre qu'elles ne sont pas sans utilité par elles-mêmes, elles sont d'ailleurs propres à faire sentir l'étendue des usages des proportions.

La première dont nous parlerons, est la règle *d'une fausse proportion*. On l'applique souvent à résoudre des questions qui appartiennent à la règle de Société, dont elle diffère, en ce qu'au lieu de prendre les parties proportionnelles telles qu'elles sont données par l'énoncé de la question, elle en prend une arbitrairement, et y subordonne les autres conformément à la question ; ce qui rend le calcul un peu plus facile.

Exemple I.

Pour partager 640# entre trois personnes dont la seconde ait le quadruple de la première, et la troisième deux fois et $\frac{1}{3}$ autant que les deux autres ensemble.

Je prends arbitrairement, pour représenter la première partie, le nombre 3 dont je puis prendre commodément le $\frac{1}{3}$.

La première partie étant 3, la seconde sera 12, et la troisième sera 35.

La question est réduite à partager 640 en trois parties qui soient entr'elles comme les 3 nombres 3, 12 et 35 ; ce qui se fera comme il a été dit.

La règle d'une fausse position sert aussi à résoudre des questions qui sont, en quelque façon, l'inverse de celles de la règle de Société, puisqu'il s'agit de revenir, de la somme de quelques parties d'un nombre, à ce nombre même, comme dans l'exemple qui suit:

Exemple II.

On demande de trouver un nombre dont le $\frac{1}{3}$, le $\frac{1}{5}$ et les $\frac{3}{7}$, fassent 808? Je prends un nombre dont je puisse avoir commodément le $\frac{1}{3}$, le $\frac{1}{5}$ et le $\frac{1}{7}$; (ce qui est facile en multipliant les trois dénominateurs.) Ce nombre sera 105; j'en prends le $\frac{1}{3}$ qui est 35, le $\frac{1}{5}$ qui est 21, et les $\frac{3}{7}$ qui sont 45; j'ajoute ces trois nombres, et j'ai 101 qui est composé des parties de 105, de la même manière que 808 l'est de celles du nombre en question: donc le nombre en question doit avoir le même rapport à 808, que 105 à 101; il doit donc être le quatrième terme d'une proportion qui commencerait par ces trois-ci:

$$101 : 105 :: 808 :$$

Ce quatrième terme est 840, dont 808 renferme en effet le $\frac{1}{3}$, le $\frac{1}{5}$ et les $\frac{3}{7}$.

La seconde règle dont nous parlerons, est celle des deux fausses positions.

Elle sert dans les questions où il s'agit de

partager, non pas le nombre même proposé, mais seulement une partie de ce nombre, en parties proportionnelles à des nombres donnés; l'exemple suivant fera connaître la règle et son usage.

Exemple.

Il s'agit de partager 6954# entre trois personnes, de manière que la seconde ait autant que la première, et 54# de plus, et que la troisième ait autant que les deux autres ensemble, et 78# de plus.

Sans les 54# et les 78#, il est clair qu'il ne s'agirait que de partager le nombre proposé en parties proportionnelles aux nombres 1, 1 et 2 : mais, puisqu'il faut prélever sur la somme 54# pour la seconde personne, et 54# plus 78# pour la troisième, il est évident qu'il n'y a qu'une partie du nombre proposé, qu'on doit partager en parties proportionnelles à 1, 1 et 2 : comme cette partie, qui est facile à trouver dans l'exemple actuel, peut être plus difficile à apercevoir dans d'autres circonstances, on suit la méthode que voici.

Supposons, pour la première part, tel nombre que nous voudrons, par exemple, 1#; la seconde part sera 1#, plus 54#, c'est-à-dire 55#; et la troisième sera 1#, plus 55#, plus 78#; c'est-à-dire 134#; la totalité de ces parts est 190#.

S'il n'eût été question que de partager en parties proportionnelles à 1, 1 et 2; la première part étant toujours supposée 1, la seconde serait 1#, la troisième serait 2#, et la totalité serait 4#, dont la différence avec 190#, c'est-à-dire 186#; est ce qu'il faut prélever sur la somme proposée 6954#, ce qui la réduit à 6768#; il reste donc à partager 6768# en parties proportionnelles à 1, 1 et 2, selon les règles ci-dessus; et, ayant trouvé que la première partie est 1692#, on en conclut que les deux autres parts demandées sont 1746# et 3516#; en effet la totalité de ces trois parts est 6954.

On trouve encore, chez les Arithméticiens, plusieurs autres règles qui ne sont autre chose que l'application des règles de Trois, à différentes questions, telles que les questions d'*Intérêt*, de *Change*, d'*Escompte*, etc.

Nous n'entrerons pas dans ces détails qui ne peuvent avoir de difficulté pour ceux qui, ayant bien saisi les principes établis ci-dessus, auront, en même temps, l'état de la question présent à l'esprit. Nous nous bornerons à un seul exemple.

Une personne a fait à un marchand, un billet de 2854#, payable dans un an; elle vient acquitter son billet au bout de 7 mois, et le marchand consent à diminuer, pour les 5 mois restans, les intérêts qui ont été compris dans le billet, à raison de 6 pour cent pour 12 mois; on demande pour quelle somme le marchand doit rendre le billet?

Puisque 12 mois produisent 6 pour 100 d'intérêt, 7 mois ont dû produire un intérêt qu'on trouvera en cherchant le quatrième terme d'une proportion dont les trois premiers sont :
$$12 : 7 :: 6 :$$
Ce quatrième terme sera $\frac{42}{12}$ ou $3\frac{1}{2}$. Or, quand l'intérêt a été pris à 6 pour 100, on a compté pour 106#, ce qui ne valait que 100# ; donc, quand l'intérêt est à $3\frac{1}{2}$, on compte pour $103\frac{1}{2}$ ce qui ne vaut que 100 ; il faut donc actuellement que ce qui devrait être payé 106, ne soit plus payé que $103\frac{1}{2}$. Ainsi, la somme cherchée doit être le quatrième terme d'une proportion dont les trois premiers sont :
$$106 : 103\frac{1}{2} :: 2854\# :$$
Ce quatrième terme qui est 2786# 13ſ 9∂ $\frac{50}{106}$ ou $\frac{15}{53}$, est la somme que le débiteur doit donner pour retirer son billet.

RÈGLE D'ALLIAGE.

Il y en a de deux sortes, on ne trouvera ici que la plus simple qui consiste à trouver la valeur moyenne d'un certain nombre de choses dont le prix de chacune est connu pour effectuer une opération de ce genre.

Multipliez la valeur de chaque espèce de choses, par le nombre des choses de cette espèce, ajoutez tous les produits, et divisez la somme par le nombre total des choses de toutes les espèces.

Exemple.

On emploie 200 ouvriers dont 50 sont payés à raison de 40 sous par jour, 70 à raison de 50 sous, 50 à raison de 25 sous, et 30 à raison de 20 sous ; à combien chaque ouvrier revient-il par jour, l'un portant l'autre ?

50 ouvriers, à 40 sous par jour, font une dépense
de . . . . 2000^s
70 à 30^s 2100
50 à 25 1250
30 à 20 600

                          5950^s.

La dépense de 200 ouvriers est donc de 5950^s par jour, et par conséquent (en divisant par 200), chaque ouvrier revient, l'un portant l'autre, à 29^s 9^d par jour. Les autres questions de cette espèce sont si faciles à résoudre d'après cet exemple, que nous croyons à propos de ne pas insister sur cette matière.

DES NOMBRES CARRÉS ET CUBIQUES
ET DE L'EXTRACTION DE LEUR RACINE.

Le carré d'un nombre est le produit de ce nombre multiplié par lui-même ; si l'on représente les unités de ce nombre par des objets matériels, son produit représentera en effet la figure d'un carré. Représentons par (0) les unités du nombre 4 ; $4 \times 4 = 16$, produit qu'on pourra figurer ainsi :

```
0 0 0 0
0 0 0 0
0 0 0 0
0 0 0 0
```

Le *carré* d'un nombre s'appelle aussi la seconde *puissance* de ce nombre.

Il ne faut, pour carrer un nombre, que le multiplier par lui-même, selon les règles ordinaires de la multiplication ; mais, pour extraire la racine carrée d'un nombre, c'est-à-dire, pour revenir du carré à la racine, il faut une méthode, du moins lorsque le nombre ou carré proposé a plus de deux chiffres.

Lorsque le nombre proposé n'a qu'un ou deux chiffres, sa racine, en nombre entier, est quelqu'un des nombres. . . . .
1, 2, 3, 4, 5, 6, 7, 8, 9,

dont les carrés sont

1, 4, 9, 16, 25, 36, 49, 64, 81.

Ainsi, la racine carrée de 72, par exemple, est 8 en nombre entier, parce que 72 étant entre 64 et 81, sa racine est entre les racines de ceux-ci, c'est-à-dire, entre 8 et 9, et elle est 8 et une fraction; fraction qu'à la vérité on ne peut assigner exactement, mais dont on peut approcher continuellement, ainsi que nous le verrons dans peu.

La racine carrée d'un nombre qui n'est point un carré parfait, s'appelle un nombre *sourd*, ou *irrationnel*, ou *incommensurable*.

Venons aux nombres qui ont plus de deux chiffres.

C'est en observant ce qui se passe dans la formation du carré, que nous trouverons la méthode qu'on doit suivre pour revenir à la racine.

Pour carrer un nombre tel que 54, par ex.

$$\begin{array}{r} 54 \\ 54 \\ \hline 216 \\ 270 \\ \hline 2916 \end{array}$$

Après avoir écrit le multiplicande et le multiplicateur, comme on le voit ici, nous multiplions, comme à l'ordinaire, le 4 supérieur par le 4 inférieur, ce qui fait évidemment le *carré des unités*.

Nous multiplions ensuite le 5 supérieur par le 4 inférieur, ce qui fait le *produit des dixaines par les unités*.

Nous passons, après cela, au second chiffre du multiplicateur, et nous multiplions le 4 supérieur par le 5 inférieur, ce qui fait le produit des unités par les dixaines, ou *le produit des dixaines par les unités*.

Enfin, nous multiplions le 5 supérieur par le 5 inférieur, ce qui fait le *carré des dixaines*.

Nous ajoutons ces produits, et nous avons pour carré le nombre 2916, que nous voyons donc être composé *du carré des dixaines, plus deux fois le carré des dixaines par les unités, plus le carré des unités* du nombre 54. (*)

(*) Tout nombre se compose de dixaines, ou de dixaines et d'unités (page 20), cela est évident; soit le nombre 27, représentons par a ses dixaines 2, et par b ses unités 7; le nombre 27 pourra ainsi être exprimé par
$$a + b$$
multiplions $a + b$ par $a + b$, nous aurons,
1° $aa + ab$.
2° $ab + bb$.

Et en résumé

Ce que nous venons d'observer, étant une conséquence immédiate des règles de la multiplication, n'est pas plus particulier au nombre 54 qu'à tout autre nombre composé de dixaines et d'unités; en sorte qu'on peut dire généralement que le carré de tout nombre composé de dixaines et d'unités, renfermera les trois parties que nous venons d'énoncer; savoir: le carré des dixaines de ce nombre, deux fois le produit des dixaines par les unités, et le carré des unités.

Cela posé, comme le carré des dixaines et des centaines (puisque 10 fois 10 font 100), il est visible que ce carré des dixaines ne peut faire partie des deux derniers chiffres du carré total.

Pareillement, le produit du double des dixaines multipliées par les unités, étant nécessairement des dixaines, ne peut faire partie du dernier chiffre du carré total.

Donc, pour revenir du carré 2916 à sa racine, on peut raisonner ainsi:

$$aa + 2\,ab + bb.$$

Ce qui nous fait voir d'un coup d'œil que le carré ou le produit de $a + b$, multiplié par lui-même contient:

1° Le carré des dixaines représenté par aa;

2° Deux fois le produit des dixaines représenté par $2\,ab$;

3° Le carré des unités représenté par bb.

Exemple I.

2916 | 54 racine.
 416
 104
———
 000

Commençons par trouver les dixaines de cette racine : or, la formation du carré nous apprend qu'il y a dans 2916 le carré de ces dixaines, et que ce carré ne peut faire partie de ses deux derniers chiffres; il est donc dans 29; et comme la racine carrée de 29 ne peut être plus de 5, concluons-en que le nombre des dixaines de la racine est 5, et portons-le à côté de 2916 comme on le voit ci-dessus.

Je carre 5, et je retranche le produit 25 de 29; il me reste 4, à côté duquel j'abaisse les deux autres chiffres 1 et 6 du nombre proposé 2916.

Pour trouver maintenant les unités de la racine, je fais attention à ce que renferme le reste 416; il ne contient plus que deux parties du carré, savoir : le double des dixaines de la racine, multipliées par les unités, et le carré des unités de cette même racine. De ces deux parties, la première suffit pour nous faire trouver les unités que nous cherchons; car, puisqu'elle est formée du double des dixaines, multipliées par les unités, si on la divise par le double des dixaines que nous connaissons, elle doit donner pour quotient les unités : il ne s'agit donc plus que de savoir dans quelle partie de 416 est renfermé ce double des dixaines multipliées par les unités ; or, nous avons remarqué ci-dessus qu'il ne pouvait faire partie du dernier chiffre; il est donc dans 41 ; il faut donc diviser 41 par le double 10 des dixaines trouvées ; j'écris donc, sous 41, le double 10 des dixaines, et faisant la division, le quotient 4 que je trouve, est le nombre des unités que je porte à la droite des 5 dixaines trouvées, en sorte que la racine cherchée est 54.

Mais il faut observer que, quoique le quotient 4 que nous venons de trouver, soit en effet celui qui convient, cependant il peut arriver quelquefois que le quotient trouvé de cette manière soit plus fort qu'il ne convient ; parce que 41 (c'est-à-dire, la partie qui reste après la séparation du dernier chiffre), renferme non-seulement le double des dixaines multipliées par les unités, mais encore les dixaines provenant du carré des unités ; c'est pourquoi, pour n'avoir aucun doute sur le chiffre des unités, il faut employer la vérification suivante:

Après avoir trouvé le chiffre 4 des unités, et l'avoir écrit à la racine, je le porte à côté du double 10 des dixaines, ce qui donne 104, dont je multiplie successivement tous les chiffres par le même nombre 4, et je retranche les produits successifs des parties correspondantes de 416; comme il ne reste rien, j'en conclus que la racine est en effet 54.

S'il restait quelque chose, la racine n'en serait pas moins la vraie racine en nombres entiers, à moins que ce reste ne fût plus grand que le double de la racine, augmenté de l'unité; mais c'est ce qu'on n'a point à craindre, quand on prend le quotient toujours au plus fort.

La vérification que nous venons d'enseigner est fondée sur la formation même du carré; car, quand on multiplie 104 par 4, il est évident qu'on forme le carré des unités et le double des dixaines, multiplié par les unités; c'est-à-dire, ce qui complète le carré parfait.

De ce que nous venons de dire, il faut conclure que, pour extraire la racine carrée d'un nombre qui n'a pas plus de quatre chiffres, ni moins de trois, il faut, après en avoir séparé deux sur la droite, chercher la racine carrée de la tranche qui reste à gauche; cette racine sera le nombre des dixaines de la racine totale cherchée, et on l'écrira à côté du nombre proposé, en l'en séparant par un trait.

On soustraira de cette même tranche, le carré de la racine qu'on vient de trouver; et, après avoir écrit le reste au-dessous de cette tranche, on abaissera, à côté de ce reste, les deux chiffres qu'on avait séparés.

On séparera, par un point, le chiffre des unités de la tranche qu'on vient d'abaisser, et l'on divisera ce qui se trouve sur la gauche, par le double des dixaines, qu'on écrira au-dessous.

On écrira le quotient à côté du premier chiffre de la racine, et on le portera ensuite à côté du double des dixaines, qui a servi de diviseur.

Enfin, on multipliera par ce même quotient, tous les chiffres qui se trouvent sur cette dernière ligne, et on retranchera leurs produits, à mesure qu'on les trouvera, des chiffres qui leur correspondent dans la ligne au-dessus.

Achevons d'éclaircir ceci par un exemple.

Exemple II.

On demande la racine carrée de 7569?

```
7 5.6 9  | 87 racine.
1 1 6.9
  1 6 7
  ─────
  0 0 0
```

Je sépare les deux chiffres 69, et je cherche la racine carrée de 75 ; elle est 8 ; j'écris 8 à côté ; je carre 8, et je retranche de 75 le carré 64 ; il me reste 11 que j'écris au-dessous de 75, et j'abaisse, à côté de ce même 11, les chiffres 6 et 9 que j'avais séparés.

Je sépare, dans 1169, le dernier chiffre 9, pour avoir, dans 116, la partie que je dois diviser pour trouver les unités.

Je forme mon diviseur, en doublant les 8 dixaines que j'ai trouvées, et j'écris ce diviseur au-dessous de 116 ; la division me donne pour quotient, 7 que j'écris à la racine, à la droite de 8.

Je porte aussi ce quotient à côté du diviseur 16 ; je multiplie 167 qui forme la dernière ligne, par ce même quotient 7, et je retranche les produits à mesure que je les trouve, de 1169 ; il ne reste rien, ce qui prouve que 7569 est un carré parfait, et le carré de 87.

Il faut bien remarquer qu'on ne doit diviser par le double des dixaines, que la seule partie qui reste à gauche, après qu'on a séparé le dernier chiffre ; en sorte que, si elle ne contenait pas le double des dixaines, il ne faudrait pas, pour cela, employer le chiffre séparé ; mais on mettrait 0 à la racine. Si au contraire, on trouvait que le double des dixaines y est plus de 9 fois, on ne mettrait cependant pas plus de 9 ; la raison en est la même que pour la division.

Après avoir bien compris ce que nous venons de dire sur la racine carrée des nombres qui n'ont pas plus de 4 chiffres, on saisira facilement ce qu'il convient de faire lorsque le nombre des chiffres est plus grand. De quelque nombre de chiffres que la racine doive être composée, on peut toujours la concevoir composée de deux parties, dont l'une soit des dixaines, et l'autre des unités ; par exemple, 874 peut être considéré comme représentant 87 dixaines et 4 unités.

Cela posé, quand on a trouvé les deux premiers chiffres de la racine, par la méthode qu'on vient d'exposer, on peut aussi trouver le troisième par la même méthode, en considérant ces deux premiers chiffres comme ne faisant qu'un seul nombre de dixaines, et leur appliquant, pour trouver le troisième, tout ce qui a été dit du premier pour trouver le second.

Pareillement, quand on aura trouvé les trois premiers chiffres, s'il doit y en avoir un quatrième, on considérera les trois premiers comme ne faisant qu'un seul nombre de dixaines, auquel on appliquera, pour trouver le quatrième, le même raisonnement qu'on appliquait aux deux premiers pour trouver le troisième; et ainsi de suite.

Mais, pour procéder avec ordre, il faut commencer par partager le nombre proposé, en tranches de deux chiffres chacune, en allant de droite à gauche; la dernière pourra n'en contenir qu'un.

La raison de cette préparation est fondée sur ce que, considérant la racine comme composée de dixaines et d'unités, il faut, suivant ce qui a été dit ci-dessus, commencer par séparer les deux derniers chiffres sur la droite, pour avoir, dans la partie qui reste à gauche, le carré des dixaines; mais, comme cette partie est elle-même composée de plus de deux chiffres, un raisonnement semblable conduit à en séparer encore deux sur la droite, et ainsi de suite.

Donnons un exemple de cette opération.

Exemple III.

On demande la racine carrée de 76807696?

```
7 6.8 0.7 6.9 6 | 8764
1 2 8.0
  1 6 7
  ─────
  1 1 1 7.6
    1 7 4 6
    ───────
    7 0 0 9.6
    1 7 5 2 4
    ─────────
    0 0 0 0 0
```

Après avoir partagé le nombre proposé, en tranches de deux chiffres chacune, en allant de droite à gauche, je cherche quelle est la racine carrée de la tranche 76 qui est le plus à gauche; je trouve qu'elle est 8, et j'écris 8 à côté du nombre proposé; je carre 8, et je retranche le carré 64 de 76, j'ai pour reste 12 que j'écris au-dessous de 76; à côté de ce reste, j'abaisse la tranche 80 dont je sépare le dernier chiffre par un point; et au-dessous de la partie 128, j'écris 16, double de la racine trouvée; puis, disant: en 128 combien de fois 16? je trouve qu'il y est 7 fois; j'écris 7 à la suite de la racine 8, et à côté du double 16; je multiplie 167 par ce même nombre 7, et je retranche de 1280, le produit de cette multiplication; il me reste 111, à côté duquel j'abaisse la tranche 76, ce qui forme 11176; je sépare le dernier chiffre 6 de ce nombre, et sous la partie 1117 qui reste à gauche, j'écris 174, double de la racine 87; je divise 1117 par 174, et ayant trouvé 6 pour quotient, j'écris 6 à la racine et à côté du double 174; je multiplie 1746 par ce même nombre 6, et je retranche 10476 de 11176, il reste 700; à côté de ce reste, j'abaisse 96 dont je sépare le dernier chiffre; au-dessous de 7009 qui reste à gauche, j'écris 1752, double de la racine trouvée 876 ; et divisant 7009 par 1752, je trouve pour quotient 4, que j'écris à la racine et à côté du double 1752. Je multiplie 17524 par ce même nombre 4, et je retranche de 70096, il ne reste rien ; ainsi, la racine carrée de 76807696 est exactement 8764.

Lorsque le nombre proposé n'est point un carré parfait, il y a un reste à la fin de l'opération, et la racine carrée qu'on a trouvée, est la racine carrée du plus grand carré contenu dans le nombre proposé : alors, il n'est pas possible d'extraire la racine carrée exactement ; mais on peut en approcher si près qu'on le juge à propos, c'est-à-dire, de manière que l'erreur qui en résulterait dans le carré, soit au-dessous de telle quantité qu'on voudra.

Cette approximation se fait commodément par le moyen des décimales. Il faut concevoir, à la suite du nombre proposé, deux fois autant de zéros qu'on voudra avoir de décimales à la racine, faire l'opération comme à l'ordinaire, et séparer ensuite, par une virgule, sur la droite de la racine, moitié autant de décimales qu'on a mis de zéros à la suite du nombre proposé. En effet, le produit de la multiplication devant avoir autant de décimales qu'il y en a dans les deux facteurs ensemble, le carré (dont les deux facteurs sont égaux) doit donc en avoir le double de ce qu'a l'un des facteurs, c'est-à-dire, le double de ce que doit avoir la racine.

Exemple IV.

On demande la racine carrée de 87,567, à moins d'un millième près.

Pour faire des millièmes, il faut trois décimales; il faut donc mettre six zéros au carré 87567; ainsi, il faut tirer la racine carrée de 87567000000.

```
8.7 5.6 7.0 0.0 0.0 0 | 295917
4 7.5
  4 9
  ─────────────
  3 4 6.7
    5 8 5
    ─────────────
    5 4 2 0.0
      5 9 0 9
      ─────────────
      1 0 1 9 0.0
          5 9 1 8 1
          ─────────────
          4 2 7 1 9 0.0
              5 9 1 8.2 7
              ─────────────
                1 2 9 1 1 1
```

En faisant l'opération comme dans les exemples précédens, on trouve pour racine carrée, à moins d'une unité près, le nombre 295917; cette racine est celle de 87567000000;

mais, comme il s'agit de celle de 87567 ou 87567,000000; je sépare moitié autant de décimales dans la racine, que j'ai mis de zéros au carré; ce qui me donne 295,917 pour la racine carrée de 87567, à moins d'un millième près.

Pareillement, si l'on demande la racine carrée de 2 à moins d'un millième près, on tirera la racine carrée de 200000000, qu'on trouvera être 14142; séparant les quatre chiffres de la droite par une virgule, on aura 1,4142 pour la racine carrée de 2, approchée à moins d'un dix-millième près.

On a vu que, pour multiplier une fraction par une fraction, il fallait multiplier numérateur par numérateur, et dénominateur par dénominateur; par conséquent, pour carrer une fraction, il faut carrer le numérateur et le dénominateur; ainsi le carré de $\frac{2}{3}$ est $\frac{4}{9}$, celui de $\frac{4}{5}$ est $\frac{16}{25}$.

Donc, réciproquement, pour tirer la racine carrée d'une fraction, il faut tirer la racine carrée du numérateur et celle du dénominateur; ainsi, la racine carrée de $\frac{9}{16}$ est $\frac{3}{4}$, parce que celle de 9 est 3, et celle de 16 est 4.

Mais il peut arriver que le numérateur ou le dénominateur, ou tous les deux, ne soient point des carrés parfaits; s'il n'y a que le numérateur qui ne soit point un carré, on en tirera la racine approchée, par la méthode qu'on vient d'exposer ; et, ayant tiré la racine du dénominateur, on la donnera pour dénominateur à la racine du numérateur ; ainsi, si l'on demande la racine de $\frac{2}{9}$, on tirera la racine approchée du numérateur 2, qu'on trouvera 1,4, ou 1,41, ou 1,414, ou 1,4142, etc., selon qu'on voudra en approcher plus ou moins ; et, comme la racine carrée de 9 est 3, on aura pour racine approchée de $\frac{2}{9}$, la quantité $\frac{1,4}{3}$, ou $\frac{1,41}{3}$, ou $\frac{1,414}{3}$, ou $\frac{1,4142}{3}$, etc.

Mais si le dénominateur n'est pas un carré, on multipliera les deux termes de la fraction par ce même dénominateur, ce qui ne changera rien à la valeur de la fraction, et rendra ce dénominateur carré ; alors, on opérera comme dans le cas précédent. Par exemple, si l'on demande la racine carrée de $\frac{3}{5}$, on changera cette fraction en $\frac{15}{25}$; tirant la racine carrée de 15 jusqu'à 3 décimales, par exemple, on aura 3,872 ; et comme la racine carrée de 25 est 5, la racine carrée de $\frac{15}{25}$ sera $\frac{3,872}{5}$.

Pour ne pas avoir plusieurs sortes de fractions à la fois, on réduira le résultat $\frac{3,872}{5}$, uniquement en décimales, en divisant 3,872 par 5, ce qui donnera 0,774 pour la racine de $\frac{3}{5}$, exprimée purement en décimales.

Enfin, si l'on avait des entiers joints à des fractions, on réduirait ces entiers en fractions, et on opérerait, comme il vient d'être dit pour une fraction. Ainsi, pour tirer la racine carrée de $8\frac{3}{7}$, on changerait $8\frac{3}{7}$ en $\frac{59}{7}$, et celle-ci en $\frac{415}{49}$, dont on trouverait que la racine approchée est $\frac{2{,}0322}{7}$, ou 2,903.

On peut aussi réduire en décimales la fraction qui accompagne l'entier; mais il faut observer d'y employer un nombre pair de décimales, et double de celui qu'on veut avoir à la racine; parce que le produit de la multiplication de deux nombres qui ont des décimales, devant avoir autant de décimales qu'il y en a dans les deux facteurs, le carré d'un nombre qui a des décimales, doit en avoir deux fois autant que ce nombre. En appliquant cette méthode à $8\frac{3}{7}$, on le transforme en 8,428571 dont la racine est 2,903, comme ci-dessus.

Si l'on avait à tirer la racine carrée d'une quantité décimale, il faudrait avoir soin de rendre pair le nombre des décimales, s'il ne l'est pas; ce qui se fera en mettant, à la suite de ses décimales, 1, ou 3, ou 5, etc., zéros : cela n'en change pas la valeur. Ainsi, pour tirer la racine carrée de 21,935 à moins d'un millième près, je tire la racine carrée de 21,935000, qui est 4683; c'est aussi celle de 21,935. On trouvera de même que celle de 0,542 est, à moins d'un millième près 0,736; et que celle de 0,0054, est à moins d'un millième près, 0,073.

Quand on a trouvé, par la méthode qui vient d'être exposée, les trois premiers chiffres de la racine, on peut en avoir plusieurs autres avec plus de facilité et de promptitude, par la division seule, en cette manière:

Prenons pour exemple 763703556823: je commence par chercher les trois premiers chiffres de la racine, par la méthode ci-dessus; je trouve 873 pour cette racine, et 1574 pour reste; je mets, à côté de ce reste, les deux chiffres 55 qui suivent la partie 763703 qui a donné les trois premiers chiffres. (Je mettrais les trois chiffres suivans, si j'avais quatre chiffres de la racine; quatre, si j'en avais cinq, et ainsi de suite.) Je divise 157455 que j'ai alors, par le double 1746 de la racine; je trouve pour quotient 90; ce sont deux nouveaux chiffres à mettre à la suite de la racine qui, par-là, devient 87390. Je carre cette racine, et je retranche son carré 7637012100 de la partie 7637055568 dont 87398 est la racine; il me reste 23468.

Si je veux avoir de nouveaux chiffres à la racine, comme j'en ai déjà cinq, je puis, par la seule division, en trouver 4 ; je mettrai, pour cette effet, à la suite du reste 23468, les chiffres 2 et 3 restans du nombre proposé et deux zéros ; et divisant 234682300 par le double 174780 de la racine trouvée, j'aurai 1342 pour les quatre nouveaux chiffres que je dois joindre à la racine ; mais, en partageant le nombre proposé, en tranches, de la manière qui a été dite ci-dessus, on voit que sa racine ne doit avoir que six chiffres pour les nombres entiers ; donc cette racine est 873901,342, à moins d'un millième près.

On peut, le plus souvent, pousser chaque division jusqu'à un chiffre de plus, c'est-à-dire, jusqu'à autant de chiffres qu'on en a déjà à la racine ; mais il y a quelques cas, rares à la vérité, où l'erreur sur le dernier chiffre pourrait aller jusqu'à cinq unités, au lieu qu'en se bornant à un chiffre de moins, comme nous venons de le faire, on n'a jamais à craindre même une unité d'erreur sur le dernier chiffre.

Si, après avoir trouvé les premiers chiffres de la racine, par la méthode ordinaire, ce qui reste après l'opération faite, se trouvait égal au double de ces premiers chiffres, il faudrait, pour éviter tout embarras, en déterminer encore un par la même méthode, après quoi on trouverait les autres par la méthode abrégée que nous venons d'exposer, qui, comme on le voit assez, s'applique également aux décimales.

Si la racine devait avoir des zéros parmi ses chiffres intermédiaires, dans le cas où ces zéros seraient du nombre des chiffres qu'on détermine par la division, il peut arriver, s'ils doivent être les premiers chiffres du quotient, qu'on ne s'en aperçoive pas, parce que, dans la division, on ne marque pas les zéros qui doivent précéder sur la gauche du quotient; le moyen de le distinguer, est de faire attention qu'on doit avoir toujours autant de chiffres au quotient, qu'on en a mis à la suite du reste; et par conséquent, quand il y en aura moins, il en faudra compléter le nombre par des zéros placés sur la gauche de ce quotient.

Au reste, l'abrégé que nous venons d'exposer est une suite de ce principe général, qu'il est aisé de déduire de ce qu'on a vu; savoir, que le carré d'une quantité quelconque, composée de deux parties, renferme le carré de la première partie, deux fois la première partie multipliée par la seconde, et le carré de la seconde.

De la formation des Nombres cubes, et de l'extraction de leurs Racines.

Pour former ce qu'on appelle *le cube* d'un nombre, il faut d'abord multiplier ce nombre par lui-même, et multiplier ensuite, par ce même nombre, le produit résultant de cette première multiplication.

Ainsi, le cube d'un nombre est, à proprement parler, le produit du carré d'un nombre multiplié par ce même nombre : 27 est le cube de 3, parce qu'il résulte de la multiplication de 9 (carré de 3), par le même nombre 3.

Le nombre que l'on cube est donc trois fois facteur dans le cube; c'est pour cette raison que le cube est aussi nommé *troisième puissance*, ou *troisième degré* de ce nombre.

En général, on dit qu'un nombre est élevé à sa seconde, troisième, quatrième, cinquième, etc., puissance, quand on l'a multiplié par lui-même, 1, 2, 3, 4, 5, etc., fois consécutives, ou lorsqu'il est 2 fois, 3 fois, 4 fois, 5 fois, etc., facteur dans le produit.

La racine cubique d'un cube proposé est le nombre qui, multiplié par son carré, produit ce cube : ainsi, 3 est la racine cubique de 27.

On n'a donc pas besoin de règles pour former le cube d'un nombre; mais, pour revenir du cube à sa racine, il faut une méthode. Nous déduirons cette méthode de l'examen de ce qui se passe dans la formation du cube.

Observons cependant qu'on n'a besoin de méthode, pour extraire la racine cubique en nombres entiers, que lorsque le nombre proposé a plus de trois chiffres; car, 1000 étant le cube de 10, tout nombre au-dessous de 1000, et par conséquent, de moins de quatre chiffres, aura pour racine moins que 10, c'est-à-dire, moins de deux chiffres.

Ainsi, tout nombre qui tombera entre deux de ceux-ci:
1, 8, 27, 64, 125, 216, 343, 512, 729,
aura sa racine cubique, en nombre entier, entre les deux nombres correspondans de cette suite:
1, 2, 3, 4, 5, 6, 7, 8, 9,
dont la première contient les cubes.

Tout nombre n'a pas de racine cubique, mais on peut approcher continuellement d'un nombre qui, étant cubé, approche aussi de plus en plus de reproduire ce premier nombre; c'est ce que nous verrons, après avoir appris à trouver la racine d'un cube parfait.

Voyons donc de quelles parties peut être composé le cube d'un nombre qui contiendrait des dixaines et des unités.

Puisque le cube résulte du carré d'un nombre multiplié par ce même nombre, il est essentiel de se rappeler ici que *le carré d'un nombre composé de dixaines et d'unités, renferme 1° le carré des dixaines; 2° deux fois le produit des dixaines par les unités; 3° le carré des unités.*

Pour former le cube, il faut donc multiplier ces trois parties par les dixaines et par les unités du même nombre.

Afin d'apercevoir plus distinctement les produits qui en résulteront, donnons à cette opération simulée, la forme suivante :

1°

Le carré des dixaines,

Deux fois le produit des dixaines par les unités,

Le carré des unités,

étant multiplié par les dixaines, donnera

Le cube des dixaines.

Deux fois le produit du carré des dixaines, multiplié par les unités.

Le produit des dixaines par le carré des unités.

2°

{ Le carré des dizaines.

Deux fois le produit des dixaines par les unités.

Le carré des unités. } étant multiplié par les unités, donnera { Le produit du carré des dixaines multiplié par les unités.

Deux fois le produit des dixaines par le carré des unités.

Le cube des unités.

Donc, en rassemblant ces six résultats, et réunissant ceux qui sont semblables, on voit que le cube d'un nombre composé de dixaines et d'unités, contient quatre parties, savoir : *le cube des dixaines ; trois fois le carré des dixaines, multiplié par les unités ; trois fois les dixaines multipliées par le carré des unités ; et enfin, le cube des unités.*

Formons, d'après cela, le cube d'un nombre composé de dixaines et d'unités ; de 43, par exemple,

$$\begin{array}{r} 64000 \\ 14400 \\ 1080 \\ 27 \\ \hline 79507 \end{array}$$

Nous prendrons donc le cube de 4, qui est 64 ; mais, comme ce 4 est des dixaines, son cube sera des mille, parce que le cube de 10 est 1000 ; ainsi, le cube des quatre dixaines sera 64000.

3 fois 16, ou 3 fois le carré des 4 dixaines, étant multiplié par les 3 unités, donnera 144 centaines, parce que le carré de 10 est 100 ; ainsi, ce produit sera 14400.

3 fois 4, ou 3 fois les dixaines, étant multipliées par le carré 9 des unités, donneront des dixaines, et ce produit sera 1080.

Enfin, le cube des unités se terminera à la place des unités, et sera 27.

En réunissant ces quatre parties, on aura 79507 pour le cube de 43, cube qu'on aurait sans doute trouvé plus facilement en multipliant 43 par 43, et le produit 1849 encore par 43 ; mais il ne s'agit pas tant ici de trouver la valeur du cube, que de reconnaître, par l'examen des parties qui le composent, la manière de revenir à sa racine. (1)

---

(1) Représentons par a les dixaines 4 du nombre 43, et par b ses unités 3 ; le carré de ce nombre sera représenté (page 173) par
$$aa + 2\,ab + bb$$
Multiplions ce dernier résultat par $a + b$, il viendra :

1° $aaa + 2\,aab + abb$

Cela posé, voici le procédé de l'extraction de la racine cubique.

Exemple I.

Soit donc proposé d'extraire la racine cubique de 79507?

```
Cube.        Racine.
7 9.5 0 7  |  43
1 5 5.0 7  |
   4 8
```

Pour avoir la partie de ce nombre, qui renferme le cube des dixaines de la racine, j'en sépare les trois derniers chiffres, dans lesquels nous venons de voir que ce cube ne peut être compris, puisqu'il vaut des mille.

Je cherche la racine cubique de 79; elle est 4, que j'écris à côté.

Je cube 4, et j'ôte le produit 64 de 79; il me reste 15 que j'écris au-dessous de 79.

A côté de 15 j'abaisse 507, ce qui me donne

2° $aab + 2\ abb + bbb$

et en résumé :

$aaa + 3\ aab + 3\ abb + bbb$

c'est-à-dire,

1° le cube des dixaines représenté par aaa.
2° 3 fois le carré aa des dixaines, par les unités b.
3° 3 fois a les dixaines par le carré bb des unités.
4° le cube des unités représenté par bb.

15507, dans lequel il doit y avoir 3 fois le carré des 4 dixaines trouvées, multipliées par les unités que nous cherchons ; plus, 3 fois ces mêmes dixaines multipliées par le carré des unités ; plus enfin, le cube des unités.

Je sépare les deux derniers chiffres 07 ; la partie 155 qui reste à gauche, renferme trois fois le carré des dixaines, multiplié par les unités ; c'est pourquoi, afin d'avoir les unités, je vais diviser cette partie 155 par le triple du carré des 4 dixaines, c'est-à-dire, par 48.

Je trouve que 48 est 3 fois dans 155 ; j'écris donc 3 à la racine.

Pour éprouver cette racine, et connaître le reste, s'il y en a, nous pourrions composer les 3 parties du cube, qui doivent se trouver dans 15507, et voir si elles forment 15507, ou de combien elles en diffèrent ; mais il est aussi commode de faire cette vérification, en cubant tout de suite 43, c'est-à-dire, en multipliant 43 par 43, ce qui produit 1849, et, multipliant ce produit par 43, ce qui donne enfin 79507. Ainsi, 43 est exactement la racine cubique.

Si le nombre proposé a plus de 6 chiffres, on raisonnera comme dans l'exemple ci-après.

Exemple II.

Soit proposé d'extraire la racine cúblique de 596947688.

```
596.947.688 | 842
849.47
192
592704
─────────
  42436.88
  21168
  596947688
─────────
  000000000
```

On considérera sa racine comme composée de dixaines et d'unités, et, par cette raison, on commencera par séparer les trois derniers chiffres.

La partie 596947 qui renferme le cube des dixaines, ayant plus de trois chiffres, sa racine en aura plus d'un, et, par conséquent, elle aura des dixaines et des unités. Il faut donc, pour trouver le cube de ces premières dixaines, séparer les trois chiffres 947.

Cela posé, je cherche la racine cubique de 596 ; elle est 8, j'écris ce 8 à côté.

Je cube 8, et je retranche le produit 512 de 596, il reste 84, que j'écris au-dessous de 596.

A côté de 84, j'abaisse 947, ce qui me

donne 84947, dont je sépare les deux derniers chiffres.

Au-dessous de la partie 849, j'écris 192, qui est le triple carré de la racine 8, et je divise 849 par 192 ; je trouve pour quotient 4 que j'écris à la racine.

Pour vérifier cette racine, et avoir en même temps le reste, je cube 84, et je retranche le produit 592704 du nombre 596947 ; j'ai pour reste 4243.

A côté de ce reste, j'abaisse la tranche 688, et considérant la racine 84 comme un seul nombre qui marque les dixaines de la racine cherchée, je sépare les deux derniers chiffres 88 de la tranche abaissée, et je divise la partie 42456 par le triple carré de 84, c'est-à-dire, par 21168 ; je trouve pour quotient, 2 que j'écris à la suite de 84.

Pour vérifier la racine 842, et avoir le reste, s'il y en a, je cube 842, et je retranche le produit 596947688, du nombre proposé 596947688 ; et comme il ne reste rien, j'en conclus que 842 est la racine exacte de 596947688.

Il faut encore observer 1° que, dans le cours de ces opérations, on ne doit jamais mettre plus de 9 à la racine.

2° Si le chiffre qu'on porte à la racine était

trop fort, on s'en apercevrait en ce que la soustraction ne pourrait se faire; et alors, on diminuerait la racine successivement de 1, 2, 3, etc., unités, jusqu'à ce que la soustraction devînt possible.

Lorsque le nombre proposé n'est pas un cube parfait, la racine qu'on trouve n'est qu'une racine approchée, et il est rare qu'il soit suffisant de l'avoir en nombres entiers. Les décimales sont encore d'un usage très-avantageux pour pousser cette approximation beaucoup plus loin, et aussi loin qu'on le désire, sans que cependant on puisse jamais atteindre à une racine exacte.

Pour approcher aussi près qu'on le voudra de la racine cubique d'un cube imparfait, il faut mettre, à la suite de ce nombre, trois fois autant de zéros qu'on veut avoir de décimales à la racine; faire l'extraction comme dans les exemples précédens; et, après l'opération faite, séparer par une virgule sur la droite de la racine, autant de chiffres qu'on voulait avoir de décimales.

Exemple *III.*

On demande d'approcher de la racine cubique de 8755, jusqu'à moins d'un centième près? Pour avoir des centièmes à la racine, c'est-à-dire, deux décimales, il faut que le cube ou le nombre proposé en ait six; il faut donc mettre six zéros à la suite de 8755.

Ainsi, la question se réduit à tirer la racine cubique de 8755000000.

```
8,755.000.000  | 2061
―――――――――――
07.55
12
8000
   ―――――
   7550.00
   1200
   8741816
      ――――――
      151840.00
      127308
      8754552981
      ―――――――
      447019
```

Suivant ce qui a été dit ci-dessus, je partage ce nombre en tranches de trois chiffres chacune, en allant de droite à gauche.

Je tire la racine cubique de la dernière tranche 8; elle est 2, que j'écris à la racine. Je cube 2, et je retranche le produit, de 8; j'ai pour reste 0, à côté duquel j'abaisse la tranche 755, dont je sépare les deux derniers chiffres 55; au-dessous de la partie restante 7, j'écris 12, triple carré de la racine, et divisant 7 par

12, je trouve pour quotient 0 que j'écris à la racine.

Je cube la racine 20, ce qui me donne 8000 que je retranche de 8755; j'ai pour reste 755, à côté duquel j'abaisse la tranche 000 dont je sépare deux chiffres sur la droite; au-dessous de la partie restante 7550, j'écris 1200, triple carré de la racine 20; et divisant 7550 par 1200, je trouve pour quotient 6 que j'écris à la racine.

Je cube la racine 206, et je retranche le produit, de 8755000; j'ai pour reste 13184, à côté duquel j'abaisse la dernière tranche 000, dont je sépare les deux derniers chiffres. Au-dessous de la partie restante 131840, j'écris 127308, triple carrée de la racine trouvée 206. Je divise 131840 par 127308; je trouve pour quotient 1, que j'écris à la suite de 206. Je cube 2061, et ayant retranché de 8755000000, le produit 8754552981, j'ai pour reste 447019.

La racine cubique approchée de 8755000000 est donc 2061; donc celle de 8755,000000 est 20,61, puisque le cube a trois fois autant de décimales que sa racine.

Si l'on voulait pousser plus loin l'approximation, on mettrait, à la suite du reste, trois zéros, et on continuerait comme on a fait chaque fois qu'on a descendu une tranche.

Puisque, pour multiplier une fraction par une fraction, il faut multiplier numérateur par numérateur, et dénominateur par dénominateur, il faudra donc, pour cuber une fraction, cuber son numérateur et son dénominateur. Donc réciproquement, pour extraire la racine cubique d'une fraction, il faudra extraire la racine cubique du numérateur et la racine cubique du dénominateur. Ainsi, la racine cubique de $\frac{27}{64}$ est $\frac{3}{4}$, parce que la racine cubique de 27 est 3, et celle de 64 est 4.

Mais, si le dénominateur seul est cube, on tirera la racine approchée du numérateur, et on donnera à cette racine, pour dénominateur, la racine cubique du dénominateur. Par exemple, si l'on demande la racine cubique de $\frac{143}{343}$; comme le numérateur n'est pas un cube, j'en tire la racine approchée, qui sera 5,22 à moins d'un centième près; et tirant la racine de 343, qui est 7, j'ai $\frac{5,22}{7}$ pour la racine approchée de $\frac{143}{343}$; ou bien, en réduisant en décimales, j'ai 0,74 pour cette racine approchée à moins d'un centième près.

Si le dénominateur n'est pas un cube, on multipliera les deux termes de la fraction par le carré de ce dénominateur, et alors le nouveau dénominateur étant un cube, on se conduira comme il vient d'être dit. Par exemple, si l'on demande la racine cubique de $\frac{3}{7}$, je multiplie le numérateur et le dénominateur par 49, carré du dénominateur 7 ; j'ai $\frac{147}{343}$; qui est de même valeur que $\frac{3}{7}$. La racine cubique de $\frac{147}{343}$ est $\frac{5,27}{7}$, ou, en réduisant purement en décimales, 0,75. La racine cubique de $\frac{3}{7}$ est donc 0,75 à moins d'un centième près.

S'il y avait des entiers joints aux fractions, on convertirait le tout en fractions, et la question serait réduite à tirer la racine cubique d'une fraction.

On pourrait aussi, soit qu'il y ait des entiers, soit qu'il n'y en ait point, réduire la fraction en décimales ; mais il faut avoir soin de pousser cette réduction jusqu'à trois fois autant de décimales qu'on veut en avoir à la racine. Ainsi, si l'on demandait la racine cubique de $\frac{3}{11}$, approchée jusqu'à moins d'un millième, on changerait la fraction $\frac{3}{11}$, en 0,272727272 ; en sorte que, pour avoir la racine cubique de 7 $\frac{3}{11}$, on tirerait celle de 7,272727272, qu'on trouvera être 1,937.

Pour tirer la racine cubique d'un nombre qui aura des décimales, il faudra le préparer par un nombre suffisant de zéros mis à sa suite, de manière que le nombre de ses décimales soit, ou 3, ou 6, ou 9, etc. ; alors, on en tirera la racine comme s'il n'y avait point de virgule; et après l'opération faite, on séparera sur la droite de la racine, par une virgule, un nombre de chiffres qui soit le tiers du nombre des décimales de la quantité proposée; en sorte que, si la racine n'avait pas suffisamment de chiffres pour que cette règle eût son exécution, on y suppléerait par des zéros placés sur la gauche de cette racine. Ainsi, pour tirer la racine cubique de 6,54 à moins d'un millième près, je mettrai sept zéros, et je tirerai la racine cubique de 6540000000, qui sera 1870; j'en séparerai trois chiffres, puisqu'il y a 9 décimales au cube, et j'aurai 1,870, ou simplement 1,87 pour la racine cubique de 6,54. On trouvera de même que celle de 0,0006, approchée à moins d'un centième près, est 0,08.

Quand on a trouvé les quatre premiers chiffres de la racine cubique par la méthode qu'on vient d'expliquer, on peut trouver les autres plus promptement par la division, et cela de la manière suivante :

Qu'on demande la racine cubique de 5264627832723456 : j'en cherche les quatre premiers chiffres par la méthode ordinaire ; ils sont 1739, et le reste de l'opération est 5681413 ; à côté de ce reste, je mets les deux chiffres 72 qui suivent la partie 5264627832 qui a donné les quatre premiers chiffres. (Je mettrais les trois chiffres qui suivent cette même partie, si la racine trouvée avait cinq chiffres, et les quatre si elle en avait six.) Je divise 568141372 par 9072363, triple carré de la racine 1739; j'ai pour quotient 62, et ce sont deux nouveaux chiffres à mettre à la suite de 1739, en sorte que 173962 est, en nombre entier, la racine cubique du nombre proposé.

Si l'on voulait pousser plus loin, on cuberait cette racine; et ayant retranché le produit du nombre proposé, on mettrait, à la suite du reste, quatre zéros, et on diviserait le tout par le triple du carré de 173962, ce qui donnerait quatre décimales pour la racine.

On fera ici la même observation qu'on a faite sur le cas où la division ne donne pas autant de chiffres qu'elle doit en donner. Et, dans ces divisions, on s'aidera de la règle abrégée qui a été donnée.

DES LOGARITHMES. (1)

On sait combien il est souvent fastidieux d'exécuter des multiplications, des divisions dont les facteurs sont composés d'un grand nombre de chiffres; on y parvient rarement sans commettre d'erreur.

Les mathématiciens ont découvert, depuis long temps, des théories qui leur ont servi à dresser des tables dans lesquelles on trouve tout fait, au moyen d'une addition, le produit d'un très grand nombre de multiplications; ainsi que par la soustraction, on y trouve le quotient d'un grand nombre de divisions.

On a donné le nom de *Logarithmes* à cette partie des sciences mathématiques; voici une idée de la théorie des Logarithmes.

Comme il a été opposé au commencement de cet ouvrage, la dixaine est la base de notre système des numérations, et les *puissances* (voir racine carrée) sont contenues dans la progression que voici :

1 : 10 : 100 : 1000 : 10.000 : 100.000 :

c'est-à-dire, que le second terme 10, de cette

---

(1) Du grec : *logos*, discours, traité; *arithmos*, nombre.

progression qu'on appelle *géométrique*, est le produit de 10 multiplié par 1, le troisième 100 est le produit de 10 multiplié par 10 ou le carré de 10 ou enfin la 2me puissance de ce dernier nombre; 1000 est un produit dans lequel 10 est 3 fois facteur; il l'est 4 fois dans le terme 10.000, et 5 fois dans le terme 100.000, etc.; ou pour plus de clarté, écrivons au-dessous de la progression ci-dessus, celle qui résulte de la suite des nombres naturels 1, 2, 3 .... 5, 6...

$\div$ 1 : 10 : 100 : 1000 : 10.000 : 100.000
$\div$ 0 . 1 . 2 . 3 . 4 . 5 .

La première de ces progressions est dite géométrique (v. *raisons* et *rapports*), parce que chacun des termes qui la composent, contient celui qui le précède, autant de fois qu'il est contenu lui-même dans celui qui le suit immédiatement; en effet le premier terme 1 est contenu 10 fois dans le second, qui lui-même est contenu 10 fois dans le troisième, etc. De sorte que si l'on divise successivement chaque terme de la progression par celui qui le précède, on aura constamment le même quotient lequel quotient s'appelle la *raison* de la progression.

Quelquefois la progression est dite décroissante, c'est lorsque le premier terme contient le second autant de fois que ce dernier contient le troisième, etc.

$$\div 64 : 32 : 16 : 8 : 4 : 2.$$

la progression ci-dessus est décroissante.

Dans toute progression géométrique croissante, chaque terme se compose du produit du premier multiplié successivement par la raison autant de fois qu'il y a de termes avant lui

$$\div 1 : 10 : 100 : 10.000 : 100.000\ldots$$

10.000 qui est le 4e terme de la progression ci-dessus est le produit du premier terme 1, multiplié successivement 3 fois par la raison qui est 10, c'est-à-dire, que

$10.000 = 1 \times 10 \times 10 \times 10 = 1 \times$ le cube de 10

Si donc, l'on avait une progression dont on connaîtrait le premier et le dernier terme seulement, il serait facile de retrouver tous les autres.

Soit une progression dont le premier terme est 3, et le 4e 24, ce dernier est donc le produit de 3 par le cube de la raison; divisant 24 par 3, il vient 8 pour le cube de la raison dont la racine cubique est 2, il est maintenant facile de compléter la progression

$$\div 3 : 6 : 12 : 24$$

en multipliant successivement le premier terme 3, d'abord par la raison 2, puis par son carré, ensuite par son cube, etc.

On peut considérer deux termes consécutifs d'une progression comme l'un étant le premier et l'autre le 3e, le 4e.... 7e etc., soit la progression

$$\div 3 : 24 : 192 : 1536....$$

Supposons qu'il soit demandé d'insérer 2 nouveaux termes entre le premier et le second entre celui-ci et le 3e..... etc., de façon que la nouvelle progression soit toujours géométrique.

Nous avons déjà donné ci-dessus la solution de problême : en effet, d'après les conditions de la question, 24 serait le 4e terme de la nouvelle progression en opérant, comme nous venons de le faire, nous trouverions que la raison serait 2, de sorte que les termes de la nouvelle progression seraient

$$\div 3 : 6 : 12 : 24 : 48 : 96 : 192 : 384...$$

Lorsqu'on intercalle ainsi de nouveaux termes dans une progression, cela s'appelle *insérer un certain nombre de moyens géométriques.*

Progressions arithmétiques.

On appelle de ce nom une suite de termes dont le second surpasse le premier d'une quantité égale à celle dont il est surpassé par le troisième, etc. La quantité dont un terme surpasse celui qui le précède s'appelle *reste* ou *différence*. C'est la *raison* de la progression qu'on trouve aisément en retranchant un terme quelconque de celui qui le suit immédiatement, une progression arithmétique s'écrit ainsi :

÷ 1 . 2 . 3 . 4 . . . . 7 . 8 . . .

Il est évident que la raison de cette progression est ici l'unité, car le terme 2 égale $1+1$ comme $3 = 2+1$, etc.

Un terme quelconque d'une progression arithmétique est égal au premier, plus autant de fois la raison, qu'il y a de termes avant lui ; en effet, le quatrième terme $4 = 1+3$.

Il est donc facile de compléter une progression quand on connaît son premier terme, plus un autre quelconque dont on donne le rang qu'il occupe.

Soit la progression

÷ 2 . . . . . . 17 . . .

dont on connaît le premier terme 2 et le sixième 17, je retranche 2 de 17, il me reste 15, qui doit être la somme de 5 fois la raison qui est donc 3, ou le cinquième de 15 ; la progression complète serait

÷ 2 . 5 . 8 . 11 . 14 . 17

en suivant une méthode semblable, on pourrait insérer entre deux termes consécutifs, autant de termes ou de *moyens arithmétiques* que l'on voudrait.

Soit proposé d'insérer six moyens arithmétiques entre 2 et 5.

Dans ce cas, je considère 5 comme étant le septième terme d'une progression, j'en retranche 2, et je prends le sixième du reste 3, le quotient m'apprend que la raison de la nouvelle progression est $\frac{1}{2}$. On a en effet
$$\div 2 \cdot 2\tfrac{1}{2} \cdot 3 \cdot 3\tfrac{1}{2} \cdot 4 \cdot 4\tfrac{1}{2} \cdot 5$$

A proprement parler, on appelle *logarithmes*, des nombres en progression arithmétique quelconque écrits terme pour terme au-dessous d'une progression géométrique, le nombre de fois qu'un terme de la progression arithmétique contient la raison, indique à quelle puissance la raison de la progression géométrique est élevée dans le terme qui est immédiatement au-dessus. Soient encore les deux progressions
$$\div 1 : 10 : 100 : 1000 : 10.000$$
$$\div 0 \cdot 1 \cdot 2 \cdot 3 \cdot 4 \ldots$$

on voit que 3, terme de la progression arithmétique, que la raison 10 de la progression géométrique, est élevée à la troisième puissance dans le terme 1000 qui est au dessus de 3. Soient encore les progressions
$$\div 1 : 10 : 100 : 1000$$
$$\div 2 \cdot 5 \cdot 8 \cdot 11$$

il est évident que le terme 11 qui contient 3 fois la raison de la progression inférieure, indique encore que 1000 est la troisième puissance de 10 ; toute progression arithmétique est donc propre à servir de logarithmes à une suite de nombres en progression géométrique.

On a choisi, pour progression géométrique, la progression décuple ; et pour progression arithmétique, la suite naturelle des nombres ; c'est-à-dire, qu'on a choisi les deux progressions suivantes :

—1 : 10 : 100 : 1000 : 10000 : 100000 : 1000000
—0 . 1 . 2 . 3 . 4 . 5 . . 6.

Ainsi, il sera toujours aisé de reconnaître quel est le logarithme de l'unité suivie de tant de zéros qu'on voudra ; il a toujours autant d'unités qu'il y a de zéros à la suite de cette unité.

Nous n'enseignerons pas ici la méthode qu'on a suivie pour trouver les logarithmes des termes intermédiaires de la progression décuple, elle dépend des principes que nous ne pouvons exposer ici ; mais, nous allons expliquer cette formation par une voie qui, à la vérité, ne serait pas la plus expéditive pour calculer ces logarithmes, mais qui suffit, tant pour concevoir cette formation, que pour rendre raison des usages auxquels on emploie ces nombres artificiels.

D'après la définition que nous avons donnée des logarithmes, on voit que, pour avoir le logarithme d'un nombre quelconque, de 3, par exemple, il faut que ce nombre puisse faire partie de la progression géométrique fondamentale. Or, quoiqu'on ne voie pas que 3 puisse faire partie de la progression géométrique — 1 : 10 : 100, etc.; cependant on voit que si, entre 1 et 10, on insérait un très-grand nombre de moyens géométriques, comme on monterait alors de 1 à 10 par des degrés d'autant plus serrés que le nombre de ces moyens serait plus grand; il arriverait de deux choses l'une, ou que quelqu'un de ces moyens se trouverait être précisément le nombre, ou que, du moins, il s'en trouverait deux consécutifs, entre lesquels le nombre 3 serait compris, et dont chacun différerait d'autant moins de 3, que le nombre des moyens insérés serait plus grand.

Cela posé, si l'on insérait pareillement, entre 0 et 1, autant de moyens arithmétiques, qu'on a inséré de moyens géométriques entre 1 et 10, chaque terme de la progression géométrique ayant pour logarithme, le terme correspondant de la progression arithmétique, on prendrait dans celle-ci, pour logarithme de 3, le nombre qui s'y trouverait à pareille place que 5 se trouve dans la progression géométrique, ou, si 3 n'était pas exactement quelqu'un des termes de celle-ci, on prendrait, dans la progression arithmétique, le terme qui répondrait à celui de la progression géométrique, qui approche le plus du nombre 3.

C'est ainsi qu'on pourrait s'y prendre en effet, si l'on n'avait pas de moyens plus expéditifs. Quoi qu'il en soit, c'est à cela que revient le calcul des logarithmes.

Il faut donc se représenter, qu'ayant inséré 10000000 moyens géométriques entre 1 et 10, pareil nombre entre 10 et 100, pareil nombre entre 100 et 1000, etc., on a inséré aussi pareil nombre de moyens arithmétiques entre 0 et 1, pareil nombre entre 1 et 2, pareil nombre entre 2 et 3; qu'ayant rangé tous les premiers sur une même ligne, et tous les seconds au-dessous, on a cherché, dans la première, le nombre le plus approchant de 2, et on a pris dans la suite inférieure, le nombre correspondant; qu'on a cherché de même, dans la première, le nombre le plus approchant de 3, et qu'on a pris dans la suite inférieure, le nombre correspondant;

qu'on en a fait de même, successivement, pour les nombres 4, 5, 6, etc., qu'enfin, ayant transporté dans une même colonne, comme on le voit dans la table ci-jointe, les nombres 1, 2, 3, 4, 5, etc., on a écrit, dans une colonne à côté les termes de la progression arithmétique, qu'on a trouvé correspondans à ceux-là, ou du moins, ceux qui en approchaient le plus ; alors on aura l'idée de la formation des logarithmes, et de leur disposition dans les tables ordinaires.

Table des Logarithmes des Nombres naturels, depuis 1 jusqu'à 120.

Nombre.	Logar.	Nombre.	Logar.	Nombre.	Logar.	Nombre.	Logar.
0	Inf. neg.						
1	0,000000	31	1,491362	61	1,785330	91	1,959041
2	0,301030	32	1,505150	62	1,792392	92	1,963788
3	0,477121	33	1,518514	63	1,799341	93	1,968483
4	0,602060	34	1,531479	64	1,806180	94	1,973128
5	0,698970	35	1,544068	65	1,812913	95	1,977724
6	0,778151	36	1,556303	66	1,819544	96	1,982271
7	0,845098	37	1,568202	67	1,826075	97	1,986772
8	0,903090	38	1,579784	68	1,832509	98	1,991226
9	0,954243	39	1,591065	69	1,838849	99	1,995635
10	1,000000	40	1,602060	70	1,845098	100	2,000000
11	1,041393	41	1,612784	71	1,851258	101	2,004321
12	1,079181	42	1,623249	72	1,857332	102	2,008600
13	1,113943	43	1,633468	73	1,863323	103	2,012837
14	1,146128	44	1,643453	74	1,869232	104	2,017033
15	1,176091	45	1,653213	75	1,875061	105	2,021189
16	1,204120	46	1,662758	76	1,880814	106	2,025306
17	1,230449	47	1,672098	77	1,886491	107	2,029384
18	1,255273	48	1,681241	78	1,892095	108	2,033424
19	1,278754	49	1,690196	79	1,897627	109	2,037426
20	1,301030	50	1,698970	80	1,903090	110	2,041393
21	1,322219	51	1,707570	81	1,908485	111	2,045323
22	1,342423	52	1,716003	82	1,913814	112	2,049218
23	1,361728	53	1,724276	83	1,919078	113	2,053078
24	1,380211	54	1,732394	84	1,924279	114	2,056905
25	1,397940	55	1,740363	85	1,929419	115	2,060698
26	1,414973	56	1,748188	86	1,934498	116	2,064458
27	1,431364	57	1,755875	87	1,939519	117	2,068186
28	1,447158	58	1,763428	88	1,944483	118	2,071882
29	1,462398	59	1,770852	89	1,949390	119	2,075547
30	1,477121	60	1,778151	90	1,954243	120	2,079181

Les logarithmes renfermés dans cette table, n'ont que six chiffres après la virgule ; ils en ont sept dans les tables ordinaires ; mais cette différence ne nuit en rien à l'usage que nous en ferons ci-après.

Remarquons, au sujet de cette table, que le premier chiffre de la gauche de chaque logarithme, s'appelle la *Caractéristique*, parce que c'est par ce chiffre qu'on peut juger dans quelle décade est compris le nombre auquel appartient ce logarithme ; par exemple, si un nombre a 3 pour caractéristique, je sais qu'il appartient à des mille, parce que le logarithme de 1000 est 3, et que celui de 10000 étant 4, tout nombre depuis 1000 jusqu'à 10000, ne peut avoir pour logarithme que 3 et une fraction ; il a donc 3 pour caractéristique, et les autres chiffres expriment cette fraction réduite en décimales.

Propriété des logarithmes.

Comme nous l'avons déjà dit, un terme quelconque de la progression géométrique, a toujours pour correspondant dans la progression arithmétique un terme qui contient la raison de celle-ci, autant de fois que la raison géométrique est facteur dans le terme dont il est question.

Donc, si l'on multiplie l'un par l'autre, deux termes de la progression géométrique, et si l'on ajoute en même temps, les deux termes correspondans de la progression arithmétique, le produit et la somme seront deux termes qui se correspondront dans ces progressions.

Car, il est évident que la raison sera facteur dans le produit, autant qu'elle l'est, tant dans l'un des termes multipliés que dans l'autre ; et que la raison de la progression arithmétique sera contenue dans la somme, autant qu'elle l'est, tant dans l'un des termes ajoutés que l'autre.

Donc, on peut par l'addition seule des deux termes de la progression arithmétique, connaître le produit des deux termes correspondans de la progression géométrique, en supposant ces deux progressions prolongées suffisamment.

Par exemple, en ajoutant les deux termes 8 et 24, qui répondent à 9 et 729, j'ai 32 qui répond à 6561 ; d'où je conclus que le produit de 729 par 9, est 6561 ; ce qui est en effet.

Donc, puisque les nombres naturels qui composent la première colonne de la table ci-dessus, ont été tirés d'une progression géométrique qui commence par l'unité, et, puisque leurs logarithmes sont les termes correspondans d'une progression arithmétique qui commence par zéro, il faut en conclure qu'*en ajoutant les logarithmes de deux nombres, on a le logarithme de leur produit.*

De là, il est aisé de conclure les usages suivans.

Usages des Logarithmes.

Pour faire une multiplication par logarithmes, il faut ajouter le logarithme du multiplicande au logarithme du multiplicateur, la somme sera le logarithme du produit; c'est pourquoi, cherchant cette somme parmi les logarithmes des tables, on trouvera le produit à côté; par exemple, si l'on propose de multiplier 14 par 13.

Je trouve, dans la petite table ci-dessus, que le logarithme de 14
est................. 1,146128
et que celui de 13 est. 1,113943

La somme....... 2,260071
répond, dans la même table, au nombre 182, qui est en effet le produit.

Pour carrer un nombre, il suffit donc de doubler son logarithme, puisqu'il faudrait ajouter ce logarithme à lui même, pour multiplier le nombre par lui-même.

Par une raison semblable, pour cuber un nombre, il faudra tripler son logarithme ; et, en général, pour élever un nombre à une puissance quelconque, il faudra prendre son logarithme autant de fois qu'il y a d'unités dans le nombre qui marque cette puissance ; c'est-à-dire, multiplier son logarithme par le nombre qui marque cette puissance ; par exemple, pour élever un nombre à la septième puissance, il faudra multiplier par 7 le logarithme de ce nombre.

Donc, réciproquement, pour extraire la racine carrée, cubique, quatrième, etc., d'un nombre proposé, il faudra diviser le logarithme de ce nombre par 2, 3, 4, etc., c'est-à-dire, en général, par le nombre qui marque le degré de la racine qu'on veut extraire.

Par exemple, si l'on demande la racine carrée de 144, ayant trouvé, dans la table, que le logarithme de ce nombre est 2,158362, j'en prends la moitié 1,079181 ; je cherche, parmi les logarithmes, à quel endroit se trouve 1,079181 ; il répond à 12 qui est, par conséquent, la racine carrée de 144.

Si l'on demande la racine septième de 128, je cherche, dans la table, son logarithme que je trouve être 2,107210 ; j'en prends le septième, ou je le divise par 7, et je cherche à quoi répond, dans la table, le quotient 0,301030; il répond à 2 qui est, en effet, la racine septième de 128.

Pour trouver le quotient de la division d'un nombre par un autre, il faut retrancher le logarithme du diviseur, du logarithme du dividende ; chercher, dans la table, à quel nombre répond le logarithme restant, ce nombre sera le quotient.

Par exemple, si l'on veut diviser 187 par 17, je cherche, dans la table, les logarithmes de ces deux nombres, et je trouve

Le logarithme de 187... 2,271842
Celui de 17.............. 1,230449

La différence........,.... 1,041393
répond, dans la table, a **11** qui est en effet le quotient.

Si la division ne pouvait pas être faite exactement, le logarithme restant ne se trouverait qu'en partie dans la table; mais nous allons enseigner, ci-après, ce qu'il faut faire en ce cas.

La raison de cette règle est fondée sur ce que le quotient multiplié par le diviseur, devant reproduire le dividende, le logarithme du quotient, ajouté au logarithme du diviseur, doit donc composer le logarithme du dividende ; et, par conséquent, le logarithme du quotient vaut le logarithme du dividende, moins celui du diviseur.

D'après ce que nous venons de dire, il est très-facile de voir que, pour faire une règle de Trois par logarithmes, il faut ajouter le logarithme du second terme au logarithme du troisième, et, de la somme, retrancher le logarithme du premier.

Remarquons que, lorsqu'on cherche dans les tables ordinaires, un logarithme résultant de quelques opérations sur d'autres logarithmes, si l'on ne trouve de différence entre le dernier chiffre de ce logarithme et celui de la table, que sur le dernier chiffre seulement, on doit regarder cette différence comme nulle, parce que les logarithmes de tous les nombres intermédiaires à la progression décuple, ne sont qu'approchés à environ une demi-unité décimale du septième ordre près.

Des Nombres dont les logarithmes ne se trouvent point dans les Tables.

Les fractions et les nombres entiers, joints à des fractions, n'ont pas leurs logarithmes dans les tables; il en est de même des racines carrées, cubiques, etc., des nombres qui ne sont pas des puissances parfaites du degré de ces racines.

Si l'on demande le logarithme d'un nombre entier joint à une fraction, il faut d'abord réduire le tout en fractions, et ensuite retrancher le logarithme du dénominateur, du logarithme du numérateur. Par exemple, pour avoir le logarithme de $8\frac{3}{11}$, je cherche celui de $\frac{91}{11}$, que je trouve en retranchant 1,041393, logarithme de 11, de 1,959041, logarithme de 91, le reste 0,917648 est le logarithme de $8\frac{3}{11}$, puisque $8\frac{3}{11}$, ou $\frac{91}{11}$, n'est autre chose que 91 divisé par 11.

La même raison prouve que, pour avoir le logarithme d'une fraction, il faut retrancher pareillement le logarithme du dénominateur, du logarithme du numérateur; mais comme cette soustraction ne peut se faire, puisque le logarithme du dénominateur sera plus grand que celui du numérateur, on retranchera, au contraire, le logarithme du numérateur, de celui du dénominateur; le reste, qui marquera ce dont il s'en faut que la soustraction n'ait pu se faire, sera le logarithme de la fraction, en appliquant à ce reste, un signe qui marque que la soustraction n'a pas été entièrement faite. Ce signe est celui-ci —, qu'on énonce *moins*. Ainsi, le logarithme de la fraction $\frac{1}{91}$, serait — 0,917648.

Ce signe est destiné à rappeler, dans le calcul, que les logarithmes des fractions doivent être employés selon une règle tout opposée à celle que nous avons prescrite pour les logarithmes des nombres entiers, ou des nombres entiers joints à des fractions; c'est-à-dire que, si l'on a à multiplier par une fraction, il faut retrancher le logarithme de cette fraction; si, au contraire, l'on a à diviser par une fraction, il faut ajouter son logarithme.

La raison en est, pour la multiplication, que, multiplier par une fraction, revient à multiplier par le numérateur, et à diviser ensuite par le dénominateur; donc, lorsqu'on opère par logarithmes, on doit ajouter le logarithme du numérateur, et retrancher ensuite celui du dénominateur; ou, ce qui revient au même, on doit seulement retrancher l'excès du logarithme du dénominateur sur le logarithme du numérateur : or, cet excès est précisément le logarithme de la fraction. A l'égard de la division, la raison en est aussi facile à saisir; en effet, diviser par $\frac{3}{4}$, par exemple, revient à multiplier par $\frac{4}{3}$; donc, en opérant par logarithmes, il faut ajouter le logarithme de $\frac{4}{3}$, c'est-à-dire la différence du logarithme de 4, ou du logarithme de 3, ou du logarithme du dénominateur de la fraction proposée, au logarithme de son numérateur.

Nota. Les tables de logarithmes sont précédés d'une instruction qui enseigne suivant quel système elles ont été calculées, et la manière de s'en servir, etc.

FIN DE L'ARITHMÉTIQUE.

CONCORDANCE DES CALENDRIERS

RÉPUBLICAIN ET GRÉGORIEN,

Depuis 1793 *jusques et compris l'an* 22. (1)

An 2. 1793.

1 vendém. 22 sept. 15 vendém. 6 octobre.
1 brumaire. 22 octobre. 15 brum. 5 novem.
1 frimaire. 21 novem. 15 frimaire. 5 déc.
1 nivôse. 21 décembre.

An 2, 1794.

15 nivôse. 4 janvier.
1 pluviôse. 20 janvier. 15 pluviôse 3 fév.
1 ventôse. 19 février. 15 ventôse. 5 mars.
1 germinal. 21 mars. 15 germinal. 4 avril.
1 floréal. 20 avril. 15 floréal. 4 mai.
1 prairial. 20 mai. 15 prairial. 3 juin.
1 messidor. 19 juin. 15 messidor. 3 juillet.
1 thermid. 19 juillet. 15 thermid. 2 août.
1 fructidor. 18 août. 15 fructidor. 1 sept.
5 j. compl. 21 sept.

An 3. 1794.

1 vendém. 22 sept. 15 vendém. 6 octob.

---

(1) Le Calendrier républicain a été créé le 5 octobre 1793, et fut aboli le 1er janvier 1806.

228 MANUEL

1 brumaire. 22 octobre. 15 brum. 5 nov.
1 frimaire. 21 novem. 15 frim. 5 décem.
1 nivôse. 21 décembre.

An 3. 1795.

15 nivôse. 4 janvier.
1 pluviôse. 20 janvier. 15 pluviôse. 3 fév.
1 ventôse. 19 février. 15 ventôse. 5 mars.
1 germinal. 20 mars. 15 germinal. 4 avril.
1 floréal. 20 avril. 15 floréal. 4 mai.
1 prairial. 20 mai 15 prairial. 3 juin.
1 messidor. 19 juin. 15 messidor. 3 juillet.
1 thermid. 19 juillet. 15 thermid. 2 août.
1 fructidor. 18 août. 15 fructidor. 1 sept.
6 j. compl. 22 sept.

An 4. 1795.

1 vendém. 23 sept. 15 vendém. 7 octob.
1 brumaire. 23 octob. 15 brum. 6 novem.
1 frimaire. 22 novem. 15 frimaire. 6 déc.
1 nivôse. 22 décem.

An 4. 1796.

15 nivôse. 5 janvier.
1 pluviôse. 21 janvier. 15 pluviôse. 4 fév.
1 ventôse. 20 février. 15 ventôse. 5 mars.
1 germinal. 21 mars. 15 germinal. 4 avril.
1 floréal. 20 avril. 15 floréal. 4 mai.
1 prairial. 20 mai. 15 prairial. 5 juin.
1 messidor. 19 juin. 15 messidor 3 juillet.

1 termid. 19 juillet. 15 thermid. 2 août.
1 fructidor. 18 août. 15 fructidor. 1 sept.
5 j. compl. 21 sept.

An 5. 1796.

1 vendém. 22 sept. 15 vendém. 6 octob.
1 brumaire. 22 octobre. 15 brum. 5 nov.
1 frimaire. 21 novem. 15 frimaire. 5 décem.
1 nivôse. 21 décembre.

An 5. 1797.

15 nivôse. 4 janvier.
1 pluviôse, 20 janvier. 15 pluviôse 3 février.
1 ventôse, 19 février. 15 ventôse. 5 mars.
1 germinal. 21 mars. 15 germinal. 4 avril.
1 floréal. 21 avril. 15 floréal. 4 mai.
1 prairial. 20 mai. 15 prairial. 5 juin.
1 messidor. 19 juin. 15 messidor. 3 juillet.
1 thermid. 19 juillet. 15 termid. 2 août.
1 fructidor. 18 août. 15 fructidor. 1 sept.
5 j. compl. 21 sept.

An 6. 1797.

1 vendém. 22 sept. 15 vendém. 6 octob.
1 brumaire. 22 octobre. 15 brum. 5 nov.
1 frimaire. 21 novem. 15 frimaire. 5 déc.
1 nivôse. 21 décem.

An 6. 1798.

15 nivôse. 4 janvier.
1 pluviôse. 20 janv. 15 pluviôse. 3 févier.

1 ventôse. 19 février. 15 ventôse. 5 mars.
1 germinal, 21 mars. 15 germinal. 4 avril.
1 floréal. 20 avril. 15 floréal. 4 mai.
1 prairial. 20 mai. 15 prairial. 3 juin.
1 messidor. 19 juin. 15 messidor. 3 juillet.
1 thermid. 19 juillet. 15 thermid. 2 août.
1 fructidor. 18 août. 15 fructidor. 31 août.
1 j. compl. 17 sept. 5 j. compl. 21 sept.

An 7. 1798.

1 vendém. 22 sept. 15 vendém. 6 octob.
1 brumaire. 22 octobre. 15 brum. 5 nov.
1 frimaire. 21 novem. 15 frim. 5 décem.
1 nivôse. 21 décembre.

An 7. 1799.

15 nivôse. 4 janvier.
1 pluviôse. 20 janvier. 15 pluviôse. 5 fév.
1 ventôse. 19 février. 15 ventôse. 5 mars.
1 germinal. 21 mars. 15 germinal. 4 avril.
1 floréal. 20 avril. 15 floréal. 4 mai.
1 prairial. 20 mai. 15 prairial. 3 juin.
1 messidor. 19 juin. 15 messidor. 3 juillet.
1 thermid. 19 juillet. 15 thermid. 2 août.
1 fructidor. 18 août. 15 fructidor. 1 sept.
1. j. compl. 17 sept. 6 j. compl. 22 sept.

An 8. 1799.

1 vendém. 23 sept. 15 vendém. 7 octob.
1 brumaire. 23 octob. 15 brum. 6 novem.

1 frim. 22 novem. 15 frimaire. 6 décem.
1 nivôse. 22 décem.

An 8. 1800.

15 nivôse. 5 janvier.
1 pluviôse. 21 janvier. 15 pluv. 4 février.
1 ventôse. 20 février. 15 ventôse. 6 mars.
1 germinal. 22 mars. 15 germinal. 5 avril.
1 floréal. 21 avril. 15 floréal. 5 mai.
1 prairial. 21 mai. 15 prairial. 4 juin.
1 messidor. 20 juin. 15 messidor. 4 juillet.
1 thermid. 20 juillet. 15 thermid. 3 août.
1 fructidor. 19 août. 15 fructidor. 2 sept.
1 j. compl. 18 sept. 5 j. compl. 22 sept.

An 9. 1800.

1 vendém. 23 sept. 15 vendém. 7 octob.
1 brumaire 23 octob. 15 brumaire, 6 nov.
1 frimaire. 22 novem. 15 frimaire. 6 déc.
1 nivôse. 22 décembre.

An 9. 1801.

15 nivôse. 5 janvier.
1 pluviôse. 21 janvier. 15 pluviôse. 4 fév.
1 ventôse. 20 février. 15 ventôse. 6 mars.
1 germinal. 22 mars. 15 germinal. 5 avril.
1 floréal. 21 avril. 15 floréal. 5 mai.
1 prairial. 21 mai. 15 prairial. 4 juin.
1 messidor. 20 juin. 15 messidor. 4 juillet.
1 thermid. 20 juillet. 15 thermid 3 août.

1 fructidor. 19 août. 15 fructidor. 2 sept.
1 j. compl. 18 sept. 5 j. compl. 22 sept.

An 10. 1801.

1 vendém. 23 sept. 15 vendém. 7 oct.
1 brumaire. 23 octobre. 15 brum. 6 nov.
1 frimaire. 22 nov. 15 frim. 6. décem.
1 nivôse 22 décembre.

An 10. 1802.

15 nivôse. 5 janvier.
1 pluviôse. 21 janvier. 15 pluviôse. 4 fév.
1 ventôse. 20 février. 15 ventôse. 6 mars.
1 germinal. 22 mars. 15 germinal. 5 avril.
1 floréal. 21 avril. 15 floréal. 5 mai.
1 prairial. 21 mai. 15 prairial. 4 juin.
1 messidor. 20 juin. 15 messidor. 4 juillet.
1 thermid. 20 juillet. 15 thermid. 5 août.
1 fructidor. 19 août. 15 fructidor. 2 sept.
1 j. compl. 18 sept. 5 j. compl. 22 sept.

An 11. 1802.

1 vendém. 23 sept. 15 vendém. 7 octob.
1 brumaire. 22 octob. 15 brum. 6 novem.
1 frimaire. 23 novem. 15 frimaire. 6 déc.
1 nivôse. 22 décem.

An 11. 1803.

nivôse. 5 janvier.
1 pluviôse. 21 janvier. 15 pluviôse. 4 fév.
1 ventôse. 20 février. 15 ventôse. 6 mars.

1 germinal. 22 mars. 15 germinal. 5 avril.
1 floréal. 21 avril. 15 floréal. 5 mai.
1 prairial. 21 mai. 15 prairial. 4 juin.
1 messidor. 20 juin. 15 messidor. 4 juillet.
1 thermid. 20 juillet. 15 thermid. 3 août.
1 fructidor. 19 août. 15 fructidor. 2 sept.
1 j. compl. 18 sept. 6 j. compl. 23 sept.

An 12. 1803.

1 vendem. 24 sept. 15 vendém. 8 octob.
1 brumaire. 24 octob. 15 brumaire. 8 novem.
1 frimaire. 23 novem. 15 frimaire. 7 décem.
1 nivôse. 23 décembre.

An 12. 1804.

15 nivôse. 6 janvier.
1 pluviôse 22 janvier. 15 pluviôse 5 février.
1 ventôse. 21 février. 15 ventôse. 6 mars.
1 germinal. 22 mars. 15 germinal. 5 avril.
1 floréal. 21 avril. 15 floréal. 5 mai.
1 prairial. 21 mai. 15 prairial. 4 juin.
1 messidor. 20 juin. 15 messidor. 4 juillet.
1 thermid. 20 juillet. 15 thermid. 3 août.
1 fructidor. 19 août. 15 fructidor 2 sept.
1 j. compl. 18 sept. 5 j. compl. 22 sept.

An 13. 1804.

1 vendém. 23 sept. 15 vendém. 7 octobre.
1 brumaire. 23 octobre. 15 brum. 6 novem.
1 frimaire. 22 novem. 15 frimaire. 6 décem.
1 nivôse. 22 décembre.

An 13. 1805.

15 nivôse. 5 janvier.
1 pluviôse. 21 janvier. 15 pluviôse. 4 février
1 ventôse. 20 février. 15 ventôse. 6 mars.
1 germinal. 22 mars. 15 germinal 5 avril.
1 floréal. 21 avril. 15 floréal. 5 mai.
1 prairial. 21 mai. 15 prairial. 4 juin.
1 messidor. 20 juin. 15 messidor. 4 juillet.
1 thermid. 20 juillet. 15 thermid. 3 août.
1 fructidor. 19 août. 15 fructidor. 2 sept.
1 j. compl. 18 sept. 5 j. compl. 22 sept.

An 14. 1805.

1 vendém. 23 sept. 15 vendém. 7 octobre.
1 brumaire. 23 octob. 15 brumaire. 6 novem.
1 frimaire. 22 novem. 15 frimaire. 6 décem.
1 nivôse. 22 décembre.

An 14. 1806.

15 nivôse. 5 janvier.
1 pluviôse. 21 janv. 15 pluviôse, 4 février.
1 ventôse. 20 février. 15 ventôse. 6 mars.
1 germinal. 22 mars. 15 germinal. 5 avril.
1 floréal. 21 avril. 15 floréal. 5 mai.
1 prairial. 21 mai. 15 prairial 4 juin.
1 messidor. 20 juin. 15 messidor 4 juillet.
1 thermid. 20 juillet. 15 therm. 3 août.
1 fructidor. 19 août. 15 fructidor. 2 sept.
1 j. compl. 18 sept. 5 j. compl. 22 sept.

An 15. 1806.

1 vendém. 23 sept. 15 vendém. 7 octob.
1 brumaire. 23 octob. 15 brumaire 6 novem.
1 frimaire 22 novem. 15 frimaire. 6 décem.
1 nivôse. 22 décembre.

An 15. 1807.

15 nivôse. 5 janvier.
1 pluviôse. 21 janvier. 15 pluviôse 4 février.
1 ventôse. 20 février. 15 ventôse. 6 mars.
1 germinal. 22 mars. 15 germinal 5 avril.
1 floréal. 21 avril. 15 floréal. 5 mai.
1 prairial. 21 mai. 15 prairial 4 juin.
1 messidor. 20 juin. 15 messidor. 4 juillet.
1 thermid. 19 juillet. 15 thermid. 2 sept.
1 j. compl. 18 sept. 6 j. compl. 23 sept.

An 16. 1807.

1 vendém. 24 sept. 15 vendém. 8 octob.
1 brumaire. 24 octob. 15 brumaire 7 novem.
1 frimaire. 23 novem. 15 frimaire. 7 décem.
1 nivôse. 23 décembre.

An 16. 1808.

15 nivôse. 6 janvier.
1 pluviôse. 22 janv. 15 pluviôse. 5 février.
1 ventôse. 21 février. 15 ventôse. 6 mars.
1 germinal. 22 mars. 15 germinal 5 avril.
1 floréal. 21 avril. 15 floréal 5 mai.

1 prairial. 21 mai. 15 prairial 4 juin.
1 messidor. 20 juin. 15 messidor. 4 juillet.
1 thermid. 20 juillet. 15 thermid. 3 août.
1 fructidor. 19 août. 15 fructidor. 2 sept.
1 j. compl. 18 sept. 5 j. compl. 22 sept.

An 17. 1808.

1 vendém. 23 sept. 15 vendém. 7 octob.
1 brumaire. 23 octob. 15 brumaire 6 novem.
1 frimaire. 22 novem. 15 frimaire. 6 décem.
1 nivôse. 22 décembre.

An 17. 1809.

15 nivôse. 6 janvier.
1 pluviôse. 21 janvier. 15 pluviôse. 4 février.
1 ventôse. 20 février. 15 ventôse. 6 mars.
1 germinal. 22 mars. 15 germinal, 5 avril.
1 floréal. 21 avril. 15 floréal. 5 mai.
1 prairial 21 mai. 15 prairial 4 juin.
1 messidor. 20 juin. 15 messidor. 4 juillet.
1 thermid. 20 juillet. 15 thermid. 5 août.
1 fructidor. 19 août. 15 fructidor 2 sept.
1 j. compl. 18 sept. 5 j. compl. 22 sept.

An 18. 1809.

1 vendém. 23 sept. 15 vendém. 7 octob.
1 brumaire. 23 octob. 15 brumaire. 6 novem.
1 frimaire. 22 novem. 15 frimaire. 6 décem.
1 nivôse 22 décembre.

D'ARITHMÉTIQUE. 237

An 18. 1810.

15 nivôse. 5 janvier.
1 pluviôse. 21 janvier. 15 pluviôse. 4 février.
1 ventôse. 20 février. 15 ventôse. 6 mars.
1 germinal. 22 mars. 15 germinal. 5 avril.
1 floréal. 21 avril. 15 floréal 5 mai.
1 prairial. 21 mai. 15 prairial 4 juin.
1 messidor. 20 juin. 15 messidor. 4 juillet.
1 thermid. 20 juillet. 15 thermid. 3 août.
1 fructidor. 19 août. 15 fructidor 2 sept.
1 j. compl. 18 sept. 5 j. compl. 22 sept.

An 19. 1810.

1 vendém. 23 sept. 13 vendém. 7 octob.
1 brumaire. 23 octob. 15 brumaire. 6 nov.
1 frimaire. 22 novem. 15 frimaire. 6 décem.
1 nivôse. 22 décem.

An 19. 1811.

15 nivôse. 5 janvier.
1 pluviôse. 21 janvier. 15 pluviôse. 4 février.
1 ventôse. 20 février, 15 ventôse. 6 mars.
1 germinal. 22 mars. 15 germinal. 5 avril.
1 floréal. 21 avril. 15 floréal. 5 mai.
1 prairial. 21 mai. 15 prairial, 5 juin.
1 messidor. 20 juin. 15 messidor. 4 juillet.
1 thermid. 20 juillet. 15 thermid. 3 août.
1 fructidor. 19 août. 15 fructidor. 2 sept.
1 j. compl. 18 sept. 6 j. compl. 23 sept.

An 20. 1811,

1 vendém. 24 sept. 15 vendém. 8 octob.
1 brumaire. 24 octob. 15 brumaire. 7 novem.
1 frimaire. 23 novem. 15 frimaire. 7 décem.
1 nivôse. 23 décem.

An 20, 1812.

15 nivôse. 6 janvier.
1 pluviôse. 22 janvier. 15 pluviôse. 5 février.
1 ventôse. 21 février. 15 ventôse. 6 mars.
1 germinal. 22 mars. 15 germinal. 5 avril.
1 floréal. 21 avril. 15 floréal. 5 mai.
1 prairial. 21 mai. 15 prairial. 4 juin.
1 messidor. 20 juin. 15 messidor. 4 juillet.
1 thermid. 20 juillet. 15 thermid. 3 août.
1 fructidor. 19 août. 15 fructidor. 2 sept.
1 j. compl. 18 sept. 5 j. compl. 22 sept.

An 21. 1812.

1 vendém. 23 sept. 15 vendém. 7 octob.
1 brumaire 23 octob. 15 brumaire. 6 novem.
1 frimaire. 22 novem. 15 frimaire. 6 décem.
1 nivôse. 22 décem.

An 21. 1813.

15 nivôse. 5 janvier.
1 pluviôse. 21 janvier. 15 pluviôse, 4 février.
1 ventôse. 20 février. 15 ventôse 6 mars.
1 germinal. 22 mars. 15 germinal, 5 avril.

D'ARITHMÉTIQUE. 239

1 floréal. 21 avril. 15 floréal 5 mai.
1 prairial. 21 mai. 15 prairial. 4 juin.
1 messidor. 20 juin. 15 messidor. 4 juillet.
1 thermid. 20 juillet. 15 thermid. 3 août.
1 fructidor. 19 août. 15 fructidor 2 sept.
1 j. compl. 18 sept. 5 j. compl. 22 sept.

An 22 1813.

1 vendém. 23 sept. 15 vendém. 7 octob.
1 brumaire. 23 octob. 15 brumaire 6 novem.
1 frimaire. 22 novem. 15 frimaire. 6 décem.
1 nivôse. 22 décembre.

An 22. 1814.

15 nivôse. 5 janvier.
1 pluviôse. 21 janvier. 15 pluviose. 4 février.
1 ventôse. 20 février. 15 ventôse. 6 mars.
1 germinal. 25 mars. 15 germinal 5 avril.
1 floréal. 21 avril. 15 floréal 5 mai.
1 prairial. 21 mai. 15 prairial. 4 juin.
1 messidor. 20 juin. 15 messidor. 4 juillet.
1 thermid. 20 juillet. 15 thermid. 3 août.
1 fructidor. 19 août. 15 fructidor. 2 sept.
1 j. compl. 18 sept. 5 j. compl. 22 sept.

DES LETTRES DE COMMERCE.

Une lettre de commerce ne doit être que l'expression nette et concise de ce qu'un négociant propose, demande ou envoie à son correspondant. La brièveté et la netteté en sont les deux grandes règles. Ne dire que ce qu'il faut et l'énoncer clairement, c'est ce qui en constitue le mérite. Les cérémonies, la politique, la plaisanterie, doivent en être bannies. Dans les lettres de commerce on entre en matière sans préambule ; on ne s'amuse guère à tourner des phrases quand on a la tête aux affaires.

Quant à la forme, on met en tête la date, le nom du correspondant et celui de la ville où il demeure. On laisse environ un doigt de blanc, et l'on commence le texte de la lettre.

On la termine par quelque assurance de son zèle et de son dévouement, etc., en cette manière : *Je suis* (nous sommes) *votre très-humble serviteur*; *Agréez, Monsieur, l'assurance de mon sincère* (ou *parfait*) *dévouement* (attachement, etc.) ; *Recevez, Monsieur, mes* (nos) remercimens; *Agréez les sentimens de ma* (notre) *reconnaissance. Nous vous prions de* (veuillez) *nous donner vos ordres ultérieurs, et agréez*, etc.

On doit observer, quant à la signature, de la placer, sur toute espèce de titre, assez près de la dernière ligne, pour qu'on ne puisse rien écrire au-dessus, ni abuser du blanc au détriment du signataire.

Chalons, 3 Janvier 1836.
Monsieur Bonnefoi, négociant à Paris.

Suivant les ordres que vous me transmettez par votre honorée du 27 passé, je vous ai adressé, par le roulage ordinaire de M. Bernard, pour vous être livrées en 8 jours, à 4 f. du 100 kilo, dix tonnes d'huile de colza, première qualité, et conforme à l'échantillon que je vous en ai envoyé. D'autre part, facture se montant à .... fr.

Veuillez bien prendre bonne réception de cet envoi, et en créditer mon compte sous avis.

Par contre, j'ai disposé sur vous, suivant nos conventions, de .... fr., en ma traite à fin février prochain, ordre François Gelé.

Vous voudrez bien en prendre bonne note

pour y faire accueil à mon débit. Après reception des colis, vous me remettrez le solde, en votre bon à 3 mois.

Je vous informe pour votre gouverne, que les huiles sont en hausse ; le colza ne paraît pas abondant, la dernière récolte ayant manqué.

Dans l'attente de vos ordres ultérieurs, je vous prie d'agréer l'assurance de mon parfait dévouement. C. B. GARNIER.

Réponse.

Paris, le 15 Janvier 1836.

Monsieur Garnier, négociant à Châlons.

J'ai l'honneur de vous faire part que j'ai reçu les dix tonnes d'huile dont votre estimée du 3 courant me remet facture s'élevant à .... f.

Après vérification des colis, j'en ai crédité votre compte de conformité.

Je ferai accueil à vos traites, dont j'ai pris bonne note, et au moyen de ma remise ci-incluse de ... fr. votre facture se balance à net appoint. Veuillez en faire écriture et m'en aviser le bien-trouvé.

J'ai l'honneur de vous saluer cordialement.
C. BONNEFOI.

Informations au sujet de la solidité d'une maison de commerce.

Nancy le.....

Monsieur Armand, négociant à Metz.

M. Noël de votre ville m'a écrit, en date du 24 du mois dernier, que, peu satisfait de son correspondant de cette ville, il me prie de lui accorder ma confiance pour entrer en relations avec moi, et invoque votre témoignage à l'appui de sa demande.

» Veuillez donc me donner le plus tôt possible, des informations précises sur son caractère et sa fortune. Vous pouvez compter sur la plus grande discrétion de ma part, dans le cas où votre avis ne serait pas à son avantage.

J'ai l'honneur, etc. Naudier.

Réponse.

Metz le....

Monsieur Naudier, négociant à Nancy.

J'ai reçu votre lettre du 4 de ce mois. M. Noël, marchand de cette ville, est généralement connu pour un homme instruit, probe et actif; je vous l'ai moi-même adressé comme un ami dont la connaissance pourrait vous être avantageuse, ce que je n'aurais jamais fait si je n'avais été persuadé qu'il méritât votre confiance.

Vous pouvez donc, sans crainte, entrer en relations avec lui. Je verrai avec plaisir que cette liaison vous soit également profitable à tous deux.

J'ai l'honneur, etc.

Armand.

Modèles de lettres de change.

Nancy, le 3 août 1836.

Bon pour 1,000 francs.

Monsieur,

A vue, il plaira payer par cette seule de change, à l'ordre de M. Lebon, la somme de mille francs, valeur reçue de M. Gabon, et que vous passerez au compte de votre serviteur. FRANÇOIS.

A Monsieur
Fournier, Md. de draps,
rue Louis-le-Grand,
A Paris.

Observation. Ces sortes de lettres doivent être payées à présentation ; et faute de paiement il faut en faire le protêt. On met quelquefois, par cette première de change, afin que, si elle n'est pas payée, on mette dans une nouvelle : par cette seconde de change, ma première n'étant pas payée.

Billet à ordre payable au domicile d'un tiers.

Belfort, ce 30 mars 1836.   Bon p. fr. 500.

A trois mois de date, je paierai au domicile de monsieur Dominé, rue Quincampoix, n° 32, à Paris, à l'ordre de Messieurs Veillard et Antonin, la somme de cinq cents francs, valeur reçue en (*marchandises, en espèces ou tout autre manière.*)

Leroy.

Billet à ordre.

« Dans deux mois je paierai à M. B..., où à son ordre, la somme de deux cents francs, valeur reçue en marchandises dudit sieur. »

A Lyon, ce....

Bon pour 200 fr.   *Signature.*

Promesse.

« A volonté (ou dans deux mois), je promets payer à M. N... la somme de ..... francs pour valeur reçue.   A. B...

N. B. M. N... doit, pour rendre cet effet négociable, l'endosser, ainsi que toutes les personnes par les mains desquelles il passe.

Autre.

« Nous soussignés promettons payer solidairement, le 20 juillet prochain, à M. S... la somme de six cents francs qu'il nous a prêtée à raison de cinq pour cent l'an. A Marseille, ce....

Bon pour 600 fr.   V.. et Cie.

Autre.

Paris, 7 octobre.

« A quinze jours de vue, il vous plaira payer, par cette seule de change, à M. W..., ou à son ordre, la somme de trois cents francs, pour valeur reçue en marchandises, que vous passerez en compte, suivant l'avis de votre, etc. »

                                  Bon pour 300.
A Monsieur G..., marchand,   R. Regnier.
    à Nantes.

FIN.

TABLE DES MATIERES.

	Pages
Anciennes mesures	5
Nouvelles — —	6
Réduction des toises, etc., en mètres, etc.	8
— — des mètres, etc., en toises, etc.	9
Mesures agraires	10
Réduction des arpens, etc., en hectares, etc.	11
Réduction des hectares, etc., en arpens, etc.	id.
Conversion des anciens poids en nouveaux.	12
Conversion des nouveaux en anciens.	13
Réduction des hectolitres en setiers, et inverse	14
Introduction	15
Numération	16
Numération écrite	21
Opérations que l'on peut faire sur les nombres	32
De l'addition	35

	Pages.
De la soustraction	37
De la multiplication	43
De la division décimale	57
Des fractions	74
Des entiers, sous la forme de fractions.	77
Réduction des fractions à leur plus simple expression.	82
Des opérations de l'arithmétique sur les fractions	88
De la multiplication des fractions	90
Division des fractions	92
Des nombres complexes	99
Soustraction des nombres complexes.	101
Division d'un nombre complexe par un nombre incomplexe.	111
Division d'un nombre complexe par un nombre complexe	114
Arithmétique décimale.	117
Addition des unités décimales	122
Soustraction des unités décimales	123
De la multiplication des unités décimales.	124
Division des décimales	130
Des raisons, proportions et progressions de quelques règles qui en dépendent.	132
Propriétés des proportions géométriques.	140
Usage des propositions précédentes	149

TABLE DES MATIÈRES.

	Pages
De la règle de trois directe et simple. .	150
— — — — inverse et simple.	154
— — — — composée	156
De la règle de société	159
De quelques autres règles dépendantes des propositions	164
Règle d'alliage.	169
Des nombres carrés et cubiques . . .	171
De la formation des nombres cubes et de l'extraction de leurs racines. . .	191
Des logarithmes	207
Progressions arithmétiques.	210
Table des logarithmes.	217
Propriété des logarithmes	218
Usage des logarithmes	220
Des nombres dont les logarithmes ne se trouvent pas dans les tables.	223
Concordance des Calendriers républicain et grégorien.	227
Des lettres de commerce	240
Modèles de lettres de change, etc. . .	244

FIN DE LA TABLE.

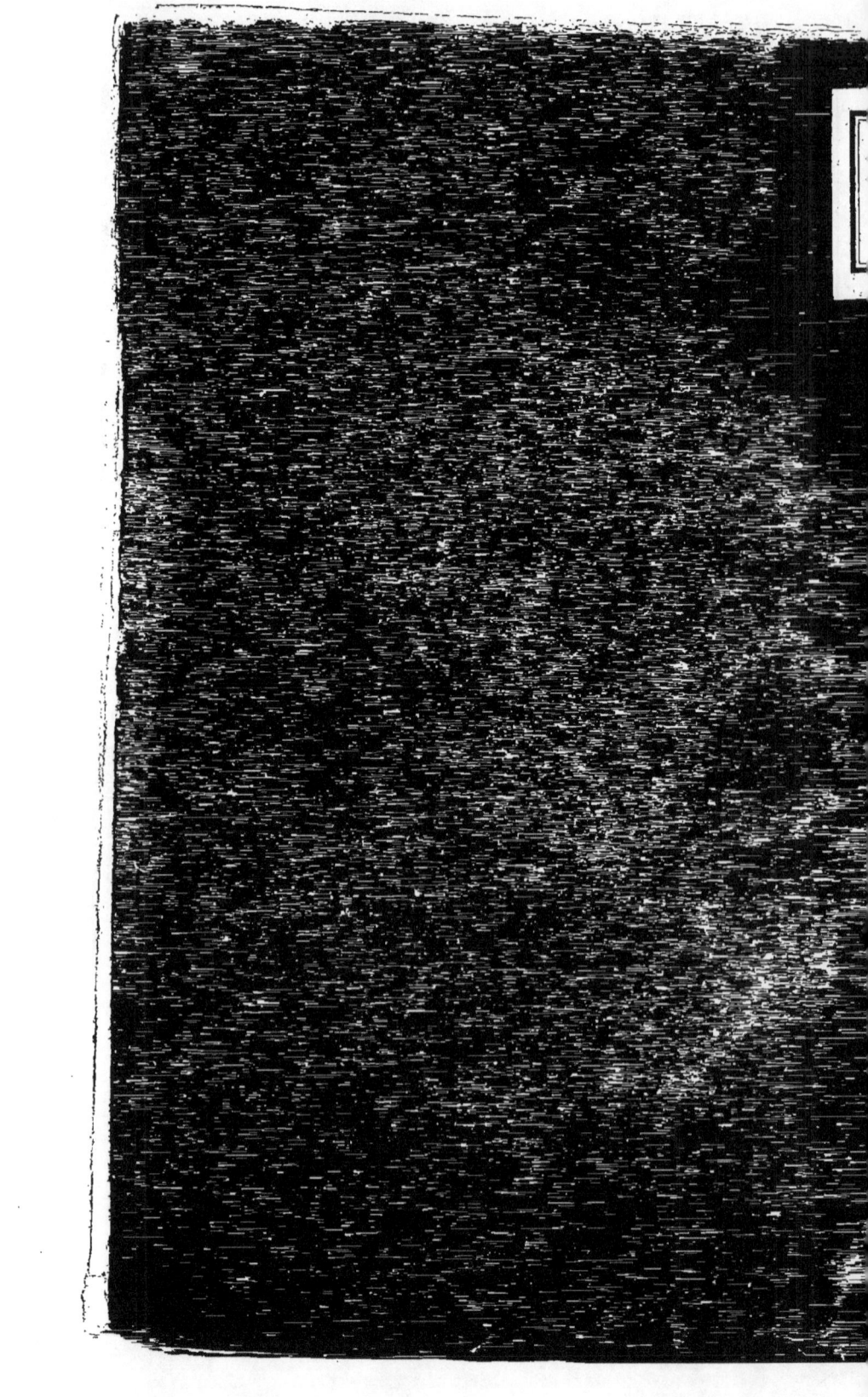

www.ingramcontent.com/pod-product-compliance
Lightning Source LLC
Chambersburg PA
CBHW070652170426
43200CB00010B/2211